임금의 도시

임금의 도시

서울의 풍경과 권위의 연출

이기봉 지음

사회평론

사직로8길
서울지방경찰청

우리 풍경의 뿌리를 찾아서

책을 시작하기에 앞서 우리에게 익숙한 풍경이 있는 곳으로 안내하려고 한다. 바로 세종대로사거리이다. 세종대로사거리에 도착하면 횡단보도를 건너 광화문광장의 남쪽 끝에 서보자. 그리고 경복궁이 있는 북쪽을 바라보자(만약 이순신 장군의 동상이 시야를 가린다면 약간 서쪽으로 비껴서 보면 된다). 그러면 무엇이 보일까?

저 멀리 북한산의 보현봉 꼭대기와 북악산의 웅장한 봉우리가 푸른 하늘을 향해 우뚝 솟아 있고, 그 아래에 광화문이 어우러진 풍경이 펼쳐진다. 우리에게 아주 익숙한 풍경이지만 사실 이 풍경은 우리나라에서만 볼 수 있는 풍경이다.

광화문 뒤로 북악산이 펼쳐진 풍경이 도대체 무엇 때문에 희귀하다는 것인지, 전 세계에서 우리나라에서만 볼 수 있다고 하니까 첫머리부터 과장이 너무 심하다고 생각하는 독자분도 있을 것이다. 나는 이 풍경이 왜 희귀한지, 우리나라에만 있는 것이라는 표현이 결코 과장이 아님을 설명해나가려고 한다.

이 책은 잘 알고 있다고 생각하지만 잘 모르는 한국의 풍경에 대한 이야기를 담고 있다. 먼저 서울의 탄생에서 우리가 보는 서울의 풍경이 어떻게 형성되었는지 알아볼 것이다. 나아가 이 풍경이 얼마나 한국적인 특성을 담은 풍경인지, 또 현재의 우리가 어떤 풍경을 놓치고 있는지, 그 결과 우리가 미처 이해하지 못했던 사실이 무엇인지 말해보고자 한다.

세종대로사거리에서 바라본 풍경이 천 년 전의 감은사지 풍경과 무엇이 같은지, 그곳에 담긴 권력과 권위가 소용돌이치며 어떻게 새로운 풍경을 만들어냈는지, 그로부터 파생된 독특한 도시구조와 건축물·성곽·정원 등의 모습은 또 어떠한지에 대하여 이야기 할 것이다.

근대화와 경제성장에 성공한 후 우리 것에 대한 관심은 계속 커져왔다. 하지만 이런 관심 대부분이 우리 것이니까, 우리 것은 소중하니까와 같은 피상적 수준에 머무르면서 한반도에서 왜 이런 건축물이 지어졌고, 외국과 무엇이 다른지에 대해 제대로 설명하지 못했다. 그래서 주변에서 쉽게 접하는 우리 풍경을 보고도 그 보편성과 특수성을 제대로 이해하지 못하고 있다. 아니, 엄밀하게 말하면 아름답다고만 했지 그 아름다움이 어떻게 만들어지고 인식되는지에 대해서는 간과했다.

풍경의 아름다움에만 취하면 우리가 보고 있는 풍경에 대해 아무것도 설명할 수 없다. 이 책은 우리 풍경의 아름다움뿐만 아니라 이 풍경의 원리에 대해 말하려고 한다. 그것은 한국의 풍경에 대한 새로운 이해를 하게 해 줄 것이다.

나라마다 건축이 다르고 양식도 다른 것처럼 풍경 또한 모두 같지 않다. 그래서 풍경은 단순하지 않다. 풍경은 역사가 집약된 한 장의 그림과 같다. 풍경에는 장소가 있고, 장소에는 지배와 피지배의 냉혹한 논리가 담겨 있다. 장소가 만들어내는 역사의 풍경을 이해할 때 우리는 비로소 한국의 풍경을 똑바로 응시할 수 있다.

무엇보다 중요한 것은 역사와 장소를 따로 떼어서 생각하지 말아야 한다는 것이다. 현재 우리들의 시점이 아닌 과거의 눈으로 바라본다면 새로운 풍경을 발견할 수 있다. 우리 풍경에 담긴 정보와 많은 이야기를 제대로 감상할 수 있다면 그것만큼 좋은 일도 없을 것이다. 서구가 보편의 기준이 된 오늘날, 과도한 서구 중심적 태도로 한국의 특수성을 무시하거나 이에 대한 반발로 한국의 특수성을 강조하는 경우가 많았다. 서구의 거대한 건축물의 위용에 압도되어서 열등감을 느끼기도 하고, '한국미'만 강조하기도 한다. 극과 극의 입장이 공존하고 있다. 과거의 건축물은 건축물 그 자체로만 감상되는 것이 아니다. 전통건축물에는 필연적으로 역사적 아름다움이 존재하며, 이는 주변과 상호작용을 통해, 그리고 이것을 시각화하는 풍경을 통해 결정된다.

나는 이 책에서 이런 비교가 얼마나 무의미한지, 어떤 것이 의미 있는지 설명하려고 한다. 지금까지 상식으로 여겼던 것에 대해 의문을 제기하고 재해석한 부분이 많기 때문에 꽤나 파격적으로 들릴지도 모른다. 동의하는 부분도 있을 것이고, 여전히 받아들이기 어렵다 싶은 부분도 있을 것이다. 최종판단은 독자의 몫이다. 하지만 책에서 제기한 한국 전통건축과 풍경에 관해 다시 생각해본다면 그것만으로도 충분할 것 같다. 전통건축물이 있는 역사적 장소를 방문했을 때 책에서 설명한 풍경이 보이는지 둘러봐 준다면 더 좋을 것 같다.

그럼 이제부터 서울의 풍경을 찾는 여정을 시작해보자.

1

임금의 도시, 서울의 탄생

장소는 텅빈 공간이 아니다. 아니, 온갖 것들로 가득 차 있는 거대한 자기장이다. 물리적으로도 역사적으로도 사실이다. 장소란 역사적으로 다양한 요소가 서로의 힘을 시험하는 무대이며, 때로는 주인공이기도 하다. 장소를 구성하는 역사적 자기장의 실체를 밝혀줄 실마리를 찾기 위해 과거로 돌아가보자.

이런 모습을 잘 보여주는 역사적 사례가 바로 서울의 탄생이다. 서울의 탄생은 단순히 장소의 탄생에 머무르지 않고 조선이라는 새로운 왕조가 탄생하는 역동적 순간과 중첩되며 수많은 인물과 그리고 사상과 연결된다. '혼란스러웠던 고려 말 무장 이성계는 신진사대부와 함께 새로운 나라를 세우고 수도를 옮겼다.' 역사를 잘 모르는 사람도 한 번쯤은 들어봤을 역사적 장면이다.

너무 유명한, 때로는 진부할 수도 있는 이 순간을 굳이 이 책의 출발점으로 삼는 것은 이 안에 우리가 살펴보고자 하는 공간과 풍경의 역사적 가치가 단적으로 드러나기 때문이다.

여기서 눈여겨 보고자 하는 부분은 천도를 둘러싸고 벌어지는 일련의 사건이다. 이 일련의 사건을 통해 우리는 장소가 단순히 역사의 배경으로만 기능하지 않고 반대로 역사의 흐름을 만들어나가는 주인공 중 하나임을 알게 될 것이다. 그동안 천대받고 소외받았던 장소에 주목해보면 장소의 역사성뿐만 아니라 배경 속에 숨어 있던 색다른 한국의 풍경을 볼 수 있을 것이다.

태조 이성계의 어진

고려시대 홍건적과 왜적을 물리치며 불패의 무장으로서 명성을 쌓아가던 이성계는 자신을 따르는 강력한 사병세력을 기반으로 신진사대부의 지원을 받아 마침내 왕위에 오른다. 하지만 왕위에 오르는 것보다 더 어려운 것은 왕조를 지키는 것이다. 새로 왕위에 오른 이성계에게는 새로운 왕조의 정통성을 확보해야 하는 과제가 놓여 있었다.

성씨가 다른 새로운 왕이 즉위하다

고려 말, 왜구·홍건적과의 전투에서 혁혁한 공을 세운 이성계는 백성과 고려 신하들의 지지를 받는 무장이 되었다. 위화도회군을 통해 최고 실력자가 된 그는, 마침내 1392년 7월 17일에 개성의 수창궁에서 임금의 자리에 올랐다. 이때 반포된 즉위교서를 보면 조선 건국의 정당화와 장기적인 권위 확보를 위해 논리를 만들어내는 이성계의 모습이 나오는데, 자못 흥미롭다.

> 임금(태조)이 이르노라. 하늘이 만백성을 낳았고, 그들에게 임금을 세워 주어 그들을 길러 서로 살게 하고, 그들을 다스려 서로 편안하게 해주도록 하였다. 그러므로 임금으로서 지켜야 할 도리에 득실이 있고 백성들의 마음에 향배가 있는 것은 (모두) 하늘의 뜻이 어디에 있느냐에 따른 것이니, 이것이 세상 이치의 당연한 모습이다.

이성계는 조선을 세우고 임금의 자리에 오른 것이 하늘의 뜻이었음을 분명히 하고 있다. '만백성'으로 표현되는 인간 세상은 하늘이 만든 것이고, 거기에 '임금'을 정점으로 한 신분적 위계의 문명 질서를 부여하여 잘 작동할 수 있도록 만들어준 것도 하늘이어서, 임금과 일반백성이 판단하고 결정하는 인간 세상의 모든 일은 실제 하늘의 뜻에 따라 움직이는 것이라는 주장이다.

스스로 자신이 하늘의 뜻을 실현할 사람이라고 주장하는 것은 단기적으로는 강한 힘을 바탕으로 효과가 있을지 모르지만 장기적인 논리라고 할 수 없다. 세계 어느 문명권이든 하늘의 뜻은 자기의 주장보다 적어도 다수 지배층의 지지를 받고 백성의 마음을 확인하는 절차를 밟아야 확보할 수 있는 것이다. 즉위조서에서 이성계는 임금의 자리에 오르라는 신하들의 권유에 대한 자신의 반응을 다음과 같이 적고 있다.

> 나는 덕이 부족한 사람으로 그러한 소임을 다하지 못한다고 생각되어, 두려워하며 두세 번이나 사양했지만 여러 사람이 말하기를, "백성의 마음이 이와 같으니 하늘의 뜻도 알 수 있습니다. 백성의 바람도 거절할 수 없고, 하늘의 뜻도 거스를 수 없습니다"라고 하면서 더욱 강하게 권해오니, 나는 여러 사람의 뜻에 따라 어쩔 수 없이 임금의 자리에 올랐다.

즉위교서에 기록된 내용이 사실이든 아니든 두세 번이나 사양했지만 여러 사람들의 추대로 어쩔 수 없이 임금의 자리에 오르게 되었다는 이성계의 언급은 장기적인 권위를 확보하기 위한 의도를 담고 있다.

오늘날에도 임기가 있는 대통령의 집권 정당성을 담아내는 취임사는 심혈을 기울여 작성한다. 새 임금의 즉위뿐 아니라 새 왕조 창업의 정당성까지 확보하려면 단어 하나, 문장 하나에도 정성을 기울일 수밖에 없었을 것이다. 하지만 정당성만 강조하는 추상적인 내용으로는 백성과 다수 지배층의 마음을 만족시킬 수 없다. 왕조가 바뀌어 혼란을 겪을 수밖에 없는 백성들의 마음을 헤아릴 줄 아는 성군의 면모도 보여야만 했다.

그래서 이성계는 백성들에게 새로운 나라를 건국했지만 기존의 나라인 고려의 이름과 기본적인 체제는 그대로 이을 것이라고 선언하면서 너무 큰 변화가 있지 않을 것이니 두려워하지 말라고 당부한다. 그렇다 하더라도 새로운 나라를 건국한 것은 고려의 잘못이 많아 백성들이 힘들어했기 때문에, 백성을 위한 새로운 조치를 취하겠다고 밝히고 있다. 이 말은 자신들에게 도움이 되는 새로운 것이 없는데 굳이 새로운 나라를 세울 필요가 있냐는 백성과 지배층의 불만을 무마시키기 위한 의도를 담고 있으며, 건국의 정당성이 추상적 차원뿐 아니라 실생활에서도 구체적으로 진행되었음을 보여준다.

고려의 흔적을 지워라

즉위조서에서 나라 이름을 바꾸지 않겠다고 했지만 언제까지 왕씨의 나라였던 고려라는 국호를 쓸 수는 없었다. 고려의 왕씨와 새로 왕위에 오른 이씨의 공존은 애초에 불가능했다.

고려의 무신정권에서 볼 수 있듯이 단순히 권력을 쥐고 있다고 해서 왕조를 만들 수 있는 것이 아니다. 왕조의 소멸과 탄생은 단순히 지배자의 교체를 의미하지 않는다. 왕조의 교체는 무력을 통한 지배 그 이상을 의미한다. 막 무력으로 왕위에 오른 태조에게 필요한 것은 왕위를 뒷받침해 줄 수 있는 사상적 · 시대적 정당성이었다. 그래야만 임금으로 인정받을 수 있었다. 하지만 여전히 무력 앞에 숨죽이고 있어도 죽은 최영, 정몽주와 같이 새로운 나라를 지지하지 않는 반대파들이 다수 존재했다.

새로운 이씨의 나라를 안착시키기 위해서는 추가적인 조치가 불가피했다. 과거에는 어땠을까? 고려 역시 이성계와 마찬가지로 성공한 역성혁명으로 탄생했다. 918년 6월 왕건은 궁예의 태봉을 멸망시키고 고려의 첫 번째 임금으로 즉위했는데, 왕건의 역성혁명도 신하들의 추대 형식으로 이루어졌다. 그럼에도『고려사』의 기록을 보면 반란의 시도가 여러 차례 있었음을 확인할 수 있다. 왕건이 즉위한 4일 후에는 마군장군(馬軍將軍) 환선길, 10여 일 후에는 마군대장군(馬軍大將軍) 이흔암이 역모를 꾀하다 처형되었다. 8월에는 웅주·운주 등 10여개 고을에서 반란이 일어나 백제 편으로 돌아섰다. 9월에는 순군리(徇軍吏) 임춘길 등이, 10월에는 청주의 장수 진선과 그의 아들 선장이 반란죄로 처형되었다.

역성혁명은 두 가지 반란 가능성을 항상 품고 있다. 그 하나는 새로운 국가의 건설이 하늘의 뜻이라는 것을 받아들이지 않고 아직도 하늘의 뜻이 남아 있다고 생각해 멸망한 나라로 복귀하려는 세력의 반란이다. 다른 하나는 새로운 국가 안에서 힘 있는 또 다른 신하가 하늘의 뜻이 자신에게 있다는 논리를 만들어 새 임금이 되려는 반란이다.

그래서 이제 막 권좌에 오른 새로운 임금과 주변 세력은 늘 불안할 수밖에 없기 때문에, 반란 가능성을 줄이기 위한 여러 조치를 취하게 된다. 새로운 정치와 정책의 수립 그리고 기존의 왕족을 포함한 반대파들의 제거 등은 대표적인 조치이다. 이와 함께 진행되는 일도 있었으니, 바로 기존 왕조의 상징을 제거하고 새 왕조의 상징을 만들어가는 것이다. 왕실의 제사를 모시고 신주를 봉안하는 종묘(宗廟)가 대표적인 상징이라 할 수 있는데, 태조 이성계는 왕위에 오르자마자 고려 왕실의 제사를 개경의 종묘에서 마전군으로 옮겨 행할 것을 명한다. 또한 이성계는 4대 조상의 존호(尊號)를 올려 임금으로 승격시키고, 이들의 신주(神主)를 만들도록 봉상시에 명령하였다. 이어서 고려 왕실의 신주를 봉안했던 종묘를 아예 헐어버리고 그 자리에 조선 왕실의 신주를 봉안할 새로운 종묘를 짓도록 명하였다. 종묘에 대한 이와 같은 일련의 조치에서 왕씨의 고려에 대한 상징성을 없애기 위한 치열한 노력의 일단을 엿볼 수 있다. 하지만 고려의 상징을 없애려고 해도 수도 개성은 곳곳에 왕씨의 흔적으로 가득 차 있었다. 474년 동안 고려의 수도였던 개성 그 자체가 왕씨 고려를 상징하는 장소였기 때문이다. 따라서 과거의 흔적을 지울 더 강력한 조치가 필요했다. 동서양을 막론하고 과거의 왕조로 돌아가고자 시도하는 반대파들을 가장 강력하게 제압하는 조치는 천도(遷都)이다. 수도 자체를 개성에서 다른 곳으로 옮기는 것이다.

최후의 수단, 천도

태조 왕건은 왕위에 오른 후, 7개월 만에 수도를 송악, 즉 개성으로 옮겼다. 그런데 수도를 옮긴다는 것은 결코 쉽지 않은 일이다. 우선 이미 백성들에게 형성된 수도의 상징성은 상당한 관성을 갖고 있어 쉽게 파괴하기 어렵다. 다음으로 기존의 수도에 살았던 지배층도 자신의 거주지를 버리고 낯선 곳으로 옮겨야 하는 천도를 환영하지 않는다. 마지막으로 새로운 수도의 건설은 국가의 재정난까지 일으킬 수도 있는 많은 물자를 투입해야 하는 위험한 사업이었고, 백성들을 동원해야 하기 때문에 새로운 왕조에 대한 원성을 키워 반대세력에게 반란의 빌미가 될 수도 있다. 하지만 성공적인 천도가 이루어지면 새로운 왕조의 권위를 백성과 지배층에게 확실히 각인시킬 수 있는 가장 확실한 조치이기도 하다.

결과적으로 왕건의 승부수는 성공했다. 임금에 오른 이후 5개월 동안 다섯 번이나 반란이 일어날 정도로 왕건의 입지는 불안했지만, 천도 이후에는 큰 반란을 겪지 않았다. 개성 천도는 궁예의 나라 태봉이 왕건의 나라 고려로 변화하고 정착되었음을 백성들과 지배층에게 확실하게

태조 왕건상

개성 현릉(왕건릉)에서 발견된 태조 왕건상. 머리에는 황제가 쓰는 통천관을 쓰고 있다. 불상 형식으로 제작된 왕건상은 불교의 나라였던 고려의 운명과 궤를 같이 했다. 원래 이 상은 개성 종묘에 봉안되어 제례에 쓰였는데, 이성계의 명에 의해 종묘와 함께 마전군으로 옮겨졌다가 유교예법에 맞지 않는다는 이유로 왕건릉에 매장되었다. 1992년 능 공사 중에 발견되어 북한의 국보로 지정되었다.

각인시키는 역할을 하였다.

조선을 개국한 이성계 역시 개성에서 다른 곳으로 천도하는 대업이 성공한다면 왕건의 개성 천도와 동일한 효과를 발휘할 수 있음을 잘 알고 있었다. 새 왕조의 임금에게 천도는 선택사항이 아니라 왕권을 확립하기 위한 필수적인 해결책이었다.

천도를 둘러싼 임금과 신하의 줄다리기

즉위교서가 발표된 지 한 달도 지나지 않은 8월, 이성계는 당시 최고의 의결기관이었던 도평의사사에 수도를 한양으로 옮기라는 교서를 내린다. 이성계의 천도 의지가 상당히 강했음을 알 수 있다. 이렇게 빨리 한양으로의 천도 결정이 이루어질 수 있었던 배경에는 고려의 남경이었던 한양에 임금이 거처하며 나랏일을 보는 이궁(離宮)이 이미 존재하고 있었던 점이 작용했다. 하지만 급하게 이루어진 한양 천도 결정은 시중(오늘날의 수상) 배극렴과 조준의 반대에 부딪친다.

배극렴과 조준은 궁궐과 성곽, 각종 관청 건물을 짓지 않고 수도를 옮기게 되면 "관료들이 백성들의 집을 빼앗아 들어가게 되는데, 날씨가 점점 추워짐에 따라 (집을 빼앗긴) 백성들은 들어가 살 곳이 없게 된다"며 천도를 늦출 것을 건의한다. 배극렴과 조준은 조선을 건국한 개국공신을 정할 때 가장 먼저 언급될 정도로 거물이었다. 이들은 한양 천도보다 성급한 천도를 반대했는데, 태조 이성계도 이를 수긍했던 것으로 보인다.

하지만 태실증고사(胎室證考使) 권중화가 전라도의 진동현에서 이성계의 태를 묻을 땅을 찾아 산천형세도를 바치면서 계룡산의 「도읍지도」

를 함께 올리자 태조는 계룡산에 직접 가보기로 결정하고 행차 준비를 명한다. 태조는 계룡산의 수도 후보지를 보러 가는 도중에 천도와 관련하여 신하들과 중요한 대화를 나눈다. 이른 새벽부터 태조가 출발을 서두르고 있는데 중추원사 정요가 도평의사사에서 올린 문서를 송경(京城)으로부터 가지고 온다. 정요는 왕비가 병이 나서 편치 못하고, 평주·봉주 등의 지역에 초적(草賊)이 나타났다는 내용을 보고했다.

이를 보고받은 태조가 물었다.

"초적은 변경 장수의 보고가 있었던 것인가? 누가 와서 보고했는가?"

예상치 못한 질문에 정요가 답을 못하자 보고에 담긴 속뜻을 태조가 알아차린다.

"도읍을 옮기는 일은 세가대족들이 함께 싫어하는 것이므로, 구실로 만들어 이를 중지시키려는 것이다. 재상들은 송경(松京)에 오랫동안 살아 고향처럼 여기고 다른 곳으로 옮기기를 즐겨하지 않으니, 도읍 옮기는 일이 어찌 그들의 본뜻이겠는가?"

태조의 갑작스런 언급에 자리에 모여 있던 신하들이 모두 대답할 말을 못 찾고 있자 개국에 큰 공을 세웠던 남은이 나서서 태조를 달랬다.

"저희들이 외람되게 공신에 이름을 올려 은혜를 입어 높은 지위에 올랐사오니, 비록 새 도읍으로 옮기더라도 무엇이 부족한 점이 있겠사오며, 송경의 토지와 집을 어찌 아까와할 수 있겠습니까? 지금 이 행차는 이미 계룡산에 가까이 왔사오니, 원하옵건대 임금께서는 가서 도읍 건설할 땅을 보시옵소서. 저희들은 남아서 초적을 물리치겠습니다."

최고의 개국공신 중 한 명이었던 남은은 속마음과 달리 자신은 천도에 반대하지 않는다는 뉘앙스를 은근히 풍기면서 난처한 상황을 타개하려 했다. 하지만 남은의 말을 들은 태조는 더 강경하게 나간다.

"도읍을 옮기는 일은 경들도 또한 하고 싶지 않을 것이다. 예로부터 천명을 받아 역성혁명을 일으킨 임금은 반드시 도읍을 옮기게 마련인데, 지금 내가 계룡산을 급히 보고자 하는 것은 내 자신 대에 친히 새 도읍을 정하고자 하기 때문이다. 후손들이 비록 나의 뜻을 계승하여 도읍을 옮기려고 하더라도, 대신들이 옳지 않다고 저지시킨다면 후손들이 어찌 (이 일을) 할 수 있겠는가?"

이성계와 신하들 간에 오간 대화에서 수도를 옮기는 문제를 놓고 벌어진 신경전의 팽팽한 긴장감을 느낄 수 있다. 천도에 대한 갈등이 왕과 신하가 나눈 대화에서 생생하고 노골적으로 드러난다. 고려를 멸망시키고 새 나라를 세우는 데 목숨을 걸고 뜻을 함께 했던 임금과 공신들이었지만 천도에 대한 서로 다른 입장 때문에 대립하게 된 것이다. 고려의 흔적을 모두 지워내는 것이 곧 왕권의 안정으로 직결된다고 생각한 왕과 달리 신하들은 천도를 통해 얻을 것이 별로 없었다. 그래서 천도를 반대하는 신하들은 새 수도의 후보지인 계룡산으로 향하는 임금의 행차를 막기 위해 직언보다 왕비의 병과 지방의 도적을 핑계로 들고 있는 것이다. 이성계는 천도를 하고 싶어 하지 않는 신하들의 속마음을 감지하고, 직설적 화법으로 돌파하고자 했다.

이성계는 왕씨의 고려와 차별되는 권위와 정통성을 만들어내야 하는 역성혁명의 딜레마를 극복하기 위하여 수도를 옮기는 것이 가장 효과적임을 알고 있었다. 그리고 그것이 자신만의 독단이 아니라 예로부터 역성혁명을 일으켜 새 왕조를 창업했을 때 일반적인 상황이었음을 알고 있었다. 만약 천도를 자신이 이루지 못한다면 후대의 임금 누구도 신하들의 반대로 천도를 이루지 못할 것이라고 본 것도 이 때문이다. 이성계는 천도가 이루어지지 않으면 장기적으로 왕실의 권위와 정통성에 흠이 될 것이며, 새로운 국가가 오래 지속되지 못하거나 지속되더라도 신하들에 의해 왕권이 좌지우지되는 미약한 나라가 될 수도 있음을 이미 간파하고 있었다.

①

고려의 중심 개성

① 1720년쯤의 개성 모습(「광여도」), ② 공민왕릉, ③ 선죽교. 송악산을 등지고 세워진 개성은 제1의 명당이라고 불렸으며, 몽고의 침입 때문에 강화도로 옮긴 기간을 제외하고 왕건이 도읍한 이래 400여 년간 고려의 수도였다. 이성계가 모셨던 공민왕과 노국공주의 묘 등 도시 곳곳이 왕씨의 흔적으로 가득했다. 또 이성계의 즉위를 반대하다 선죽교에서 죽임을 당한 정몽주처럼 왕위를 찬탈한 이성계에 대한 반감이 상당했다. 이와 같이 개성은 여전히 고려의 도시여서 이성계에게 부담스러울 수밖에 없었다. 결국 이성계는 이를 극복하고 성공적인 왕조를 열기 위해 천도를 추진했다.

②

③

사는 곳이 곧 권력이다

이성계가 천도의 필요성에 대해 배수진을 치자 신하들은 숨고르기를 하면서 사태를 관망한다. 반대 의견이 잠잠해지자 계룡산으로 천도하는 사업이 일사천리로 진행되었다. 태조는 1393년 2월 계룡산의 새 수도 후보지에 도착하여 직접 산수 형세를 관찰하고, 세곡을 운반하는 조운(漕運)과 도로, 성곽을 축조할 지세까지 살피게 했다. 새 수도에 들어설 종묘·사직·궁궐·관청·시장의 배치도를 보고, 땅의 풍수적 형세를 살펴보며 먹줄로 땅을 측량하게 하였다.

그런데 이렇게 일사천리로 진행되던 계룡산 천도는 하륜의 간언에 의해 갑작스레 중단된다.

> 도읍은 마땅히 나라의 중앙에 있어야 하는데, 계룡산은 땅이 (우리나라의) 남쪽에 치우쳐 있어 동북면(함경도)·서북면(평안도)과 거리가 멀리 떨어져 있습니다. 또 신이 일찍이 아버지를 장사 지내면서 풍수 관련 여러 서책을 대략이나마 살펴보았는데, 지금 들어보니 계룡산의 (새 도읍 후보지의) 땅은 산이 서북쪽에서 들어오고 물이 남남동쪽으로 흘러나간다고 합니다. 이것은 송나라 호순신이 일컬었던 '길게 번영하는 흐름을 물의 방향이 깨뜨려 반드시 망할 땅'이므로, 도읍을 건설하기에는 적당하지 못합니다.

지금까지의 천도반대론과 달리 풍수에 근거한 하륜의 비판에 강력하게 천도를 추진하던 태조는 재검토에 들어갔고, 결국 새 도읍의 건설공사는 전면중지된다. 실록에는 건설공사가 백지화되자 나라 안의 모든 사람들이 기뻐했다고 기록되어 있는데, 이를 통해 볼 때 천도반대 여론이 컸음을 알 수 있다. 하륜은 도읍이 나라의 중앙에 있어야 하는데 새 수도 건설지는 너무 남쪽에 있다는 문제점을 지적한다. 또한 송나라 호순신의 풍수논리에 따라 산과 물의 흐름이 '반드시 망할 땅'이기 때문에 새 수도로 적합하지 않다고 주장한다. 다른 신하들의 반대에는 꿈쩍하지 않던 태조였지만 이번에는 하륜의 주장에 수긍했다. 하지만 어디까지나 계룡산을 포기한 것이지, 천도를 포기한 것은 아니었다. 태조는 고려 왕조의 서운관에 저장된 비록문서를 모두 하륜에게 주면서 참고하여 살펴보고는 다시 천도할 땅을 물색하라고 명한다. 이때 태조는 신하들이 나중에 다른 소리를 하지 못하게 하륜뿐만 아니라 권중화·정도전·남재 등에게도 공동조사를 맡겼다. 그리고 호순신 논리의 정당성을 확보하기 위해 고려 왕실의 여러 무덤의 산수 흐름을 직접 비교·검토하는 치밀함까지 보였다. 여기에서 알 수 있는 사실은 계룡산 천도 실패에 하륜이 반대 근거로 든 풍수가 결정적으로 작용했다는 것이다. 하륜은 이후 태종이 되는 이방원의 책사로 활약하면서 권력의 한 축을 담당하게 되지만 이때만 해도 두각을 나타내지 못하고 있었다. 따라서 중요하게 볼 점은 하륜이라는 인물보다 하륜이 내세운 풍수의 논리이다.

태조는 이 풍수의 논리를 넘지 못하면 천도가 불가능하다고 판단했다. 신하들의 주장이든, 아니면 태조의 주장이든, 그것도 아니면 천도를 원하지 않는 신하들과 천도의 필요성을 역설하는 태조의 타협점을 찾기 위한 것이든, 천도 후보지의 정당성을 결정짓는 가장 중요한 기준으로 풍수의 논리가 전면에 등장하게 된다.

명분을 가진 자가 모든 걸 가진다

일사천리로 진행되던 계룡산 천도가 하륜의 한마디에 중지된 것은 하륜이 반대 근거로 삼은 풍수가 임금을 비롯하여 다른 이들에게도 설득력이 있었기 때문이다. 유교를 기치로 내건 국가에서 풍수가 이렇게 천도 논쟁의 핵심이 된 이유는 무엇일까? 임금과 신하의 팽팽한 힘겨루기에서 풍수가 씨름의 샅바 같은 역할을 했기 때문이다. 역사적으로도 전력이 열세임에도 뛰어난 샅바싸움으로 권력을 쟁취해낸 사례는 많다. 예를 들어, 광해군은 인목대비를 폐비시킴으로써 유교질서가 지배하는 사회에서 패륜이라는 오명을 썼고, 이것이 빌미가 되어 인조반정으로 쫓겨나고 만다. 이처럼 권력투쟁은 무력만으로 이루어지지 않고 실제 싸움이 벌어지기 전까지 실랑이를 벌인다. 그리고 이런 과정 전체가 바로 우리가 흔히 정치력이라고 부르는 것이다.

앞에서 언급했듯이 임금과 공신 간에는 서로의 이해관계가 엇갈리는 경우가 많았는데, 천도는 그 대표적인 경우였다. 이 갈등은 정치적으로 해결되어야 했고, 그러기 위해서는 샅바, 즉 공통의 명분이 필요했다. 그 대상으로 오랫동안 받아들여졌던 풍수를 선택한 것이다. 이후에도 풍수는 정치적 명분 다툼의 핵심이 된다.

계룡산으로 천도를 추진하면서 풍수적 약점을 공격받은 태조는 계룡산은 포기하지만 다른 땅을 찾음으로써 천도 의지를 이어갔다. 이를 증명이라도 하듯, 태조는 2개월 후에 좌시중 조준과 영삼사사 권중화 등 열한 명을 무악(현재 연세대학교 뒷산)의 남쪽에 보내 천도 후보지로서의 적합성을 살펴보게 한다.

새 수도의 후보지로 무악을 조사한 결과, 하륜을 제외한 대부분은 명당

개성 첨성대와 서운관

고려시대 하늘을 관측했던 첨성대는 서운관에서 관리했다. 서운관은 하늘을 관측하고 절기를 측정하는 업무를 봤다. 서운관은 천문과 지리 현상을 모두 관장하고 그에 따른 길흉까지 점치는 기관이었다. 고려가 쇠약해지면서 천도에 대한 논의가 이루어질 때 큰 역할을 하였다. 조선 건국 후에도 존속하다가 세종 때에 관상감으로 이름이 바뀌었다.

의 땅이 너무 좁아 새 수도 후보지로 적당하지 않다고 보았다. 하지만 태조는 조사결과의 재검토를 명하고, 무악의 땅을 직접 확인코자 행차한다.

무악에 도착해서 땅을 살펴보는 태조에게 윤신달과 유한우를 비롯한 서운관 관원들이 이 땅은 도읍으로 삼을 수 없다고 보고한다. 태조가 "여기가 좋지 못하면 어디가 좋으냐?"라고 재차 물었으나 유한우는 "신은 알지 못하겠습니다"라며 대답을 하지 않는다.

천도 자체를 거부하는 듯한 유한우의 태도에 태조가 노하여 말했다.

"네가 서운관 관원이 되어 모른다고 하니, 누구를 속이려는 것이냐? 송도의 지기(地氣)가 쇠하였다는 소문을 너는 듣지 못하였느냐?"

"그것은 도참(圖讖)으로 설명한 것인데, 신은 단지 지리만 배워서 도참은 모릅니다."

"옛사람의 도참 또한 지리에 따라 말한 것이지, 어찌 터무니없이 근거 없는 말을 했겠느냐? 그러면 너의 마음에 괜찮은 곳을 말해 보아라."

"고려 태조가 송악의 명당을 살펴서 궁궐을 지었는데, 고려 중기 이후에 오랫동안 명당을 버리고 임금들이 여러 번 이궁으로 옮겼습니다. 신의 생각으로는 명당의 지덕(地德)이 아직 쇠하지 않은 듯하니, 다시 궁궐을 지어서 그대로 송경을 도읍으로 삼으십시오."

서운관 관원들은 함부로 답하기 어려운 존재인 임금의 노기 어린 질책에도 새 도읍의 후보지로서 무악의 땅이 적당하지 않다는 주장을 고수한다. 앞날의 길흉을 예언하는 도참은 알지 못한다는 말로 태조의 예봉을 피하면서도 송악이 아직도 명당으로서의 운이 다하지 않아 궁궐을 새롭게 만들거나 수리하면 계속 수도로 삼을 만하다는 논리를 내세운다. 천도 자체를 반대하는 셈이다. 이들의 주장에 태조는 기발한 역전 논리로 반격한다.

"내가 장차 도읍을 옮기기로 결정했는데, 만약 가까운 지역에 좋은 곳(吉地)이 없다고 말한다면, 삼국시대의 도읍 또한 길지가 될 수 있으니 마땅히 합의해서 알리라."

태조는 이어 좌시중 조준과 우시중 김사형에게 명령을 내린다.

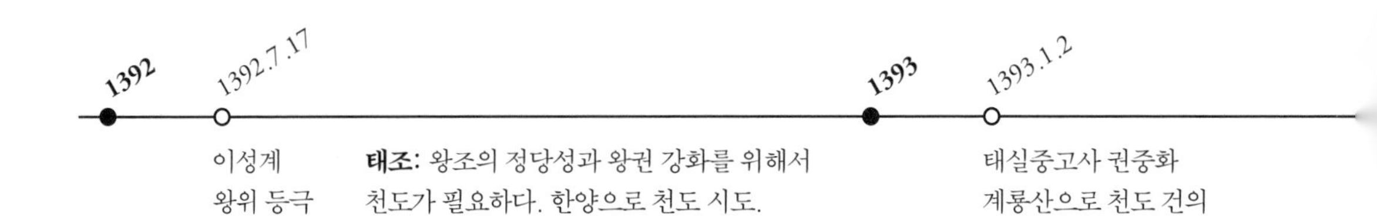

이성계 왕위 등극

태조: 왕조의 정당성과 왕권 강화를 위해서 천도가 필요하다. 한양으로 천도 시도.
배극렴·조준: 반대. 궁궐과 성곽을 짓지 않고 수도부터 옮기면 백성들이 곤란해질 것입니다.

태실증고사 권중화 계룡산으로 천도 건의

1394
1394.8.11
1394.8.12

태조 무악 시찰. 서운관 관원과의 논쟁

서운관 관원: 무악은 좋지 못합니다. 개성에서 궁궐을 다시 짓는 게 좋습니다.
태조:개성이 지기가 쇠했다고 상소를 올린 곳이 서운관이다. 다른 곳은 어디가 좋은가?
서운관 관원: 가장 좋은 명당은 개성이고, 그다음이 한양입니다.

태조, 한양으로 행차

태조: 형세를 보니 도읍으로 삼을 만하다. 조운이 잘 통하고, 사방으로 거리가 균등해 나라 운영에 편리할 것이다.
무학대사: 사면이 높고 수려하며 중앙이 평평하니, 도읍이 될 만합니다.
신하들: 반드시 도읍을 옮겨야 한다면 한양이 좋습니다.

"서운관이 고려 말기에 송도의 지덕이 이미 쇠했다고 이르며 여러 번 상서를 올려 한양으로 천도하자고 하였다. 근래에는 계룡산을 도읍할 만하다고 여겨서 많은 사람을 동원하여 공사를 일으켜 백성들을 괴롭혔다. 그런데 이제 또 이곳을 도읍으로 삼을 만하다고 하여 와서 보니, 유한우 등이 좋지 못하다고 하고 오히려 송도의 명당이 좋다고 하면서 서로 논쟁을 하여 국가를 현혹시키니, 이것은 일찍이 (논리가 달라진 것에 대해) 벌을 내리지 않은 까닭이다. 그대들이 서운관 관리로 하여금 각각 도읍될 만한 곳을 살펴서 알리게 하라."

앞서 윤신달과 유한우는 무악이 천도의 후보지로 괜찮은지 아닌지를

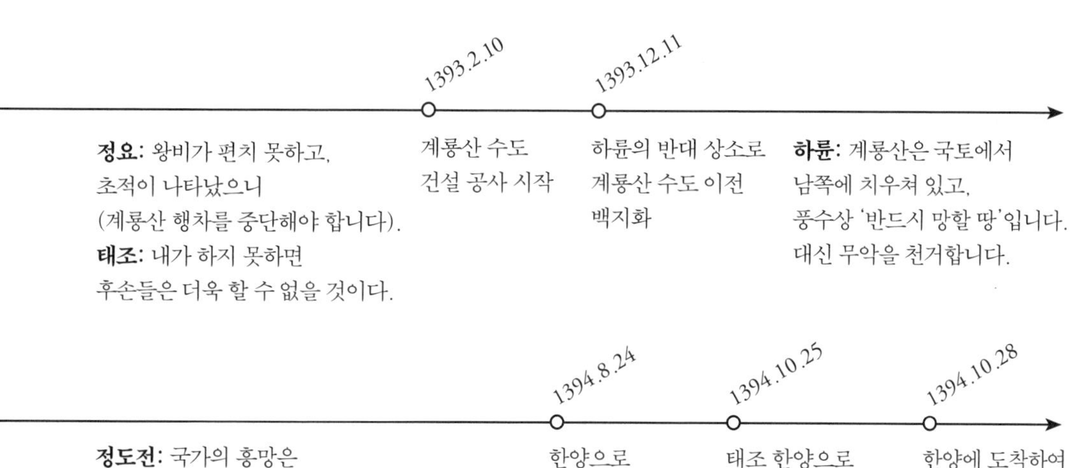

따지다가 교묘하게 천도 자체를 반대하는 논리로 바꾸었다. 이들의 의도를 간파한 태조는 논의의 핵심이 빗나갔음을 깨닫고 천도한다는 원칙은 이미 결정되었다는 것을 환기시키고 천도 자체를 반대하는 서운관 관원의 논리적 허점을 지적한다. 풍수지리를 맡고 있는 서운관이 고려 말에는 송도의 지기가 쇠했기 때문에 한양으로 천도하자고 했는데, 조선이 세워진 지금에 와서는 송도의 지기가 아직 쇠하지 않았으므로 계속 수도로 삼아도 좋다는 모순적인 주장을 내놓고 있다는 것이다. 태조가 이렇게 나오자 결국 겸판서운관사 최융과 윤신달 · 유한우가 대답했다.

"우리나라 안에서는 부소(扶蘇-송악)의 땅이 최고이고, 남경(南京-한양)이 그다음입니다."

결국 이성계는 천도를 기정사실화하면서 반대파를 대변하는 서운관 관원으로부터 우리나라 안에서 풍수적으로 가장 좋은 명당이 송악이고, 그다음이 한양이라는 새로운 대답을 받아낸다.

태조의 승리

다음날 천도 논쟁은 절정에 이른다. 당시 최고의 개국공신들이었던 정도전 · 성석린 · 정총 · 하륜 · 이직 등은 천도 자체를 무산시키기 위해 각기 다른 관점에서 태조의 천도 논리를 조목조목 반박하며 협공한다. 이 과정에서 천도를 반대하는 모든 논리가 동원된다.

정도전은 풍수의 학설을 배우지 못했다고 전제하면서 태조가 천도의 근거로 들고 있는 풍수의 지기쇠왕설(地氣衰旺說)을 공격한다. 주나라부터 원나라까지 중국의 여러 나라가 수도를 공유한 사례를 들어 국가의 흥망은

개성 성균관

공민왕 때 유학을 전담하게 된 성균관은 조선 건국의 핵심세력인 신진사대부들을 대거 양성한다. 나라의 흥망이 풍수에 있지 않다고 말하는 정도전은 강경한 유학자의 모습을 보여준다. 하지만 정도전을 제외한 다른 개국공신들은 오랫동안 이어온 풍수를 판단 근거로 인정함으로써 신진사대부 역시 풍수의 영향력 안에 있음을 보여준다.

인간 세계의 통치 질서에 있는 것이지 지기의 성쇠에 있는 것은 아니라고 주장한다.

성석린은 무악의 명당이 좋기는 하지만 수도로 삼기에는 규모가 너무 작다는 반대파의 일반 논리를 앞세우면서 개성이 무악과 마찬가지로 명당이고 수도로 삼기에 충분한 규모임을 부각시킨다.

정총은 정도전과 마찬가지로 여러 나라가 수도를 공유한 중국의 사례를 언급하지만 풍수의 지기쇠왕설을 부정하지 않았다. 다만 고려의 멸망은 운수에 의한 것이지 풍수의 지기쇠왕설에 의한 것이 아님을 강조했다.

하륜은 무악의 명당이 새 수도의 후보지로서 괜찮다는 이전의 입장을 고수하는데, 이러한 주장은 태조의 천도 주장을 뒷받침하는 것처럼 보였다. 하지만 대부분의 사람들이 규모가 너무 작아 새 수도의 후보지로서 부적당하다는 무악을 계속 주장하면서 반대파에게 천도 반대의 빌미를 계속 제공해주었다.

이직은 하륜과 마찬가지로 무악의 명당이 새 수도의 후보지로서 적당하다는 데 동의하지만 수도를 옮기는 결정이 한두 사람의 의견만으로 이루어져서는 안 되며, 반드시 하늘의 뜻에 순응하고 백성들의 마음을 따른 연후에 해야 한다고 주장하였다. 그러면서 태조의 천도 주장은 그렇지 않음을 은근히 공격하였다.

이처럼 천도에 대한 신하들의 격렬한 반대에 언짢아진 태조는 개성으로 돌아가 소격전에서 결정하겠다는 유보적인 태도를 보였다. 이것은 단순한 유보가 아니라 '임금인 내가 신하들의 의견을 충분하게 들어주는 예의를 갖추었으니 더 이상 논의하지 말라'는 엄포였다.

그런데 태조는 바로 개성으로 돌아가지 않고 서운관 관원들이 풍수의 관점에서 개성 다음의 좋은 명당이라 말한 한양으로 행차했다.

서운관 관리 윤신달이 한양을 살펴보고 태조에게 말했다.

"우리나라 안에서는 송경이 제일 좋고 여기가 그다음으로 좋습니다. 흠이라면 서북쪽((乾方)이 낮아서 물과 샘물이 부족한 것뿐입니다."

이 말에 태조는 기쁨을 감추지 못했다.

"송경인들 어찌 부족한 곳이 없겠느냐? 지금 이곳의 형세를 보니, 도읍이 될 만하다. 게다가 (세금을 나르는) 조운이 잘 통하고 (사방에서 이르는) 거리도 균등하니, 나라를 운영하는 데도 편리할 것이다."

태조가 이번에는 왕사인 자초(무학대사)에게 물어본다.

"이곳이 어떻습니까?"

"여기는 사면이 높고 수려하며 중앙이 평평하니, 성을 쌓아 도읍으로 삼을 만합니다. 그러나 여러 사람의 의견을 좇아서 결정하십시오."

태조가 여러 신하들에게도 의견을 묻자 모두 "반드시 도읍을 옮기고자 하시면 이곳이 좋습니다"고 답했다.

하륜만이 "산세는 비록 볼 만한 것 같으나 풍수지리의 논리로 말하면 좋지 못합니다"라며 마지막 저항을 했지만, 태조는 하륜의 말에 개의치 않고 여러 사람의 의견을 따라 한양에 도읍하기로 결정한다.

여기서 가장 주목해야 할 대목은 여러 신하들이 "반드시 도읍을 옮기고자 하시면 이곳이 좋습니다"라고 말한 부분이다. 신하들이 태조의 한양 천도에 찬성하는 모습은 이들이 전날만 하더라도 태조의 천도 주장에 대해 격렬한 반대 주장을 폈던 그 신하들인지 의심이 들게 할 정도였다.

자신들이 그렇게 격렬하게 반대했음에도 한양으로 행차를 강행한 태조의 태도를 보고 천도 자체를 반대하는 것이 무의미하다고 판단한 듯하다.

드디어 8월 24일에 한양 천도를 공식적으로 확정했는데, 『태조실록』은 그때의 결정 내용을 다음과 같이 전한다.

> 고려 왕씨가 통일한 후, 송악에 도읍을 정하고 자손이 계승한 지 거의 5백 년 만에 천운이 끝이 나서 자연히 망하게 되었습니다. 삼가 생각하옵건대, 전하께서는 큰 덕과 신성한 공으로 천명을 받아 나라를 세우고 제도를 고쳐서 만대의 국통(國統)을 세우셨으니, 마땅히 도읍을 정하여 만세의 기초를 세우셔야 할 것입니다. 그윽이 한양을 살펴보건대, 안팎의 산수 형세가 훌륭한 것은 옛날부터 얘기해오던 것이요, 사방으로 도로의 거리가 고르며 배와 수레도 통할 수 있으니, 이곳에 도읍을 정하여 후손에게 영원히 물려주는 것이 진실로 하늘과 백성의 뜻에 부합됩니다.

도평의사사의 결정문에는 천도에 대한 태조의 생각이 충실하게 담겨 있다. 이렇게 최고 의결기관의 의결을 통해 한양으로의 천도가 결정된 것은 하늘의 명령과 백성의 인심을 따라야 정당성을 의심받지 않는다고 생각한 당시 세계관과 부합한다. 만약 태조의 독단으로 천도를 강행했다면 두고두고 약점이 되어 언제라도 천도의 반대 주장이 다시 일어날 수 있는 근거가 되었을 것이다. 태조는 이 점을 잘 알고 있었다. 그렇기에 한양으로의 천도 성공은 태조의 정치적 승리였다.

마침내 태어난 '임금의 도시'

한양 천도가 공식화되고 나서 신도궁궐조성도감(新都宮闕造成都監)이 조직되었다. 불과 20일 전까지 거물급 다섯 명의 신하들이 태조의 천도 논리를 조목조목 반박하던 상황을 떠올려보면 믿기 어려울 정도로 한양 천도의 속도는 빠르게 진행되었다. 곧이어 새 수도 도시계획의 큰 틀까지 만들도록 지시가 내려지는데, 여기에서 주목해야 할 것은 8월 12일 태조의 천도 논리를 조목조목 반박했던 다섯 명의 신하 중에서 정도전, 이직 두 사람이 '신도궁궐조성도감'에 포함되었다는 점이다. 특히 정도전은 풍수를 배운 적이 없고, 국가의 흥망은 인간 세계의 통치 질서에 있는 것이지 지기의 성쇠에 있는 것은 아니라고 주장하며 천도를 반대했던 인물이다. 결국엔 태조의 한양 천도 의지를 꺾을 수 없음을 깨달은 신하들이 한양 천도에 힘을 모은 것이다. 태조 역시 반대한 신하들을 배제하지 않고 대업인 새 수도의 도시계획에 참여시켰다.

10여 일 동안 고심 끝에 새 수도 한양의 도시계획 틀을 정한 정도전 등은 개성으로 돌아와 보고하였고, 실무 책임을 맡고 있던 심덕부와 김주는 한양에 남아서 도시 건설을 지휘한다.

마침내 10월 25일 태조 이성계는 아직 궁궐과 종묘의 건축 공사가 시작되지 않은 한양으로 거처를 완전히 옮기는 천도를 선언하였고, 28일부터 이 곳의 옛 객사(客舍)를 이궁(離宮)으로 삼아 거처하며 나랏일을 보기 시작하였다. 이로써 한양은 '임금의 도시'가 되었다.

2년여 동안 무수한 반대 논리를 극복하고 한양 천도를 확정하였지만 이 합의는 상황의 전개 양상에 따라 언제라도 깨질 수 있는 것이다. 궁궐과 종묘의 건축 공사를 시작하지 않았음에도 서둘러 한양 천도를 단행한 태조의 결정이 성공하지 못했다면 조급증의 결과란 조롱과 부정적인 역사적 판단의 사례로 회자되었을 것이다. 하지만 결국엔 성공했기에 '신의 한수'라 말할 수 있는 과감한 결단이 되었다.

2

보이지 않는 서울의 풍경

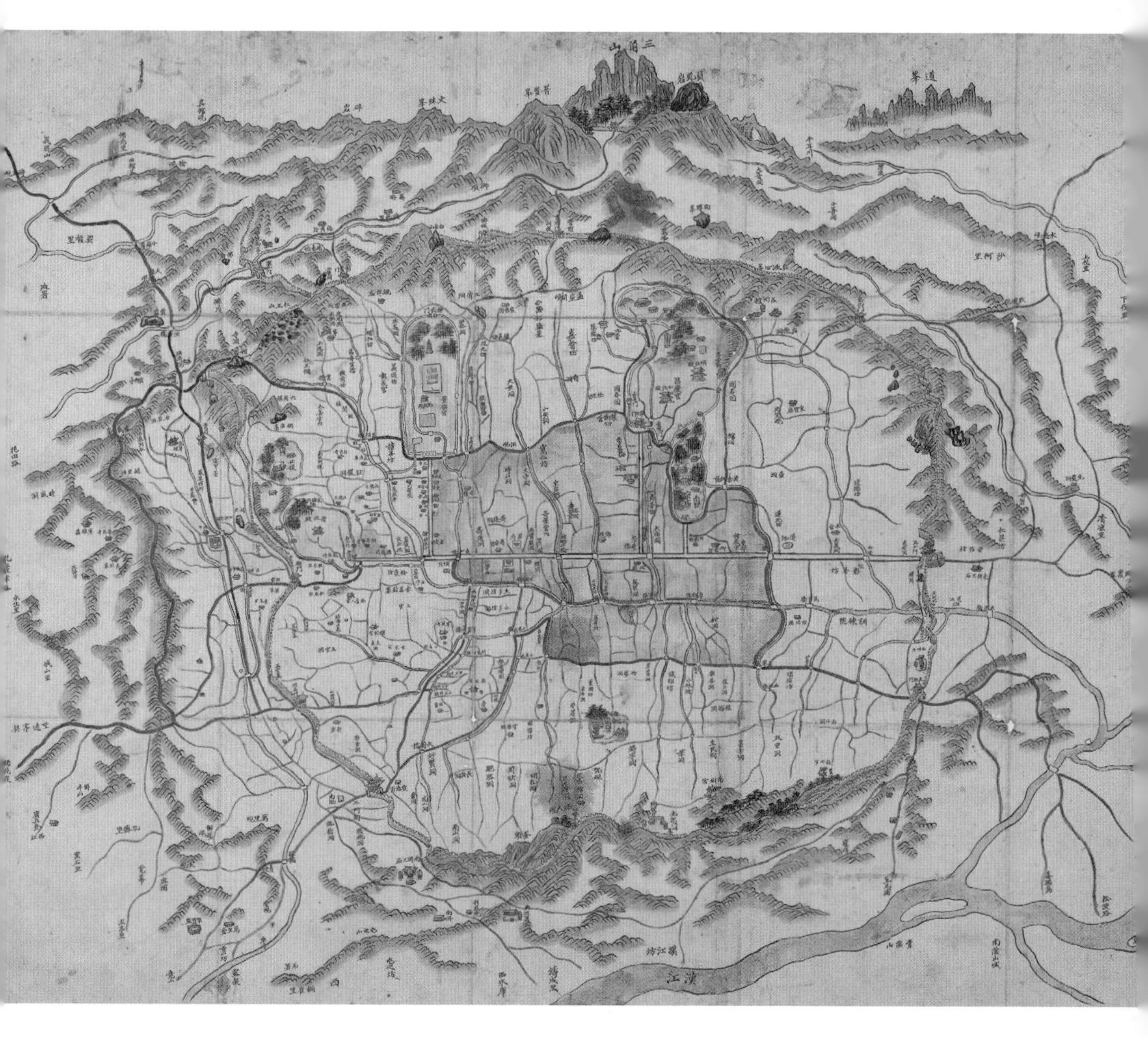

「한양도성도」

18세기 후반 편찬된 『여지도』에 수록된 지도로 시각적으로 아름다울 뿐 아니라, 궁궐과 종묘사직, 산세, 간선도로 등을 일목요연하게 파악할 수 있다. 지도를 보면 한양이 산으로 둘러싸인 분지에 자리를 잡고 있음을 알 수 있다.

신도시 한양의 청사진

우여곡절 끝에 조선의 수도가 된 서울은 600여 년이 지난 오늘까지 수도라는 지위를 굳게 유지하고 있다. 하지만 600년의 시간이 흐르면서 많은 것이 변했고 지금도 또 변하고 있다.

그렇다면 지금으로부터 600년 전에 완성된 당시 서울의 모습은 어떠했을까. 정도전 등이 그려서 바쳤다는 도시계획도가 남아있지 않아 안타깝지만, 다른 지도를 통해서 그 모습을 유추해볼 수 있다. 임금을 정점으로 불평등한 신분사회였던 전통시대의 수도는 시간의 흐름에 따라 부분적인 변화는 나타날 수 있지만 큰 틀은 나라가 멸망하지 않는 한 거의 변함없이 유지되기 때문이다.

그렇다면 600년 전 도시는 어떻게 설계됐을까? 아니, 이 질문에 앞서 다른 질문부터 생각해보자. 오늘날 서울의 중심지는 어디일까? 광화문 일대로 볼 수도 있고, 강남역 일대로 볼 수도 있다. 하지만 확실한 건 오늘날 도시의 중심지는 경제 원리에 따라 결정된다는 것이다. 이것은 자본주의 시대의 도시 모습이다.

과거 600년 전의 조선은 농업 중심의 국가였다. 조선은 '사농공상'의 신분질서로 이루어진 나라였으며, 특히 한양은 상업적 요지에 자연발생적으로 생긴 도시가 아닌 계획도시였다. 따라서 한양은 조선을 건국한 주역들의 사상과 의도를 엿볼 수 있는 시금석이라고 할 수 있는 것이다.

한양의 도시 설계는 사대부들이 조선 건국의 주역이었던 만큼 유교적 질서가 중심원리로 작동되고 있다. 조선의 건국자들이 기준으로 삼은 것은 중국의 도시 설계에 교과서 역할을 한 『주례』 「고공기」였다.

실제로 경복궁은 백악산을 등지고 남쪽을 향해 지어져서 '하늘의 아들

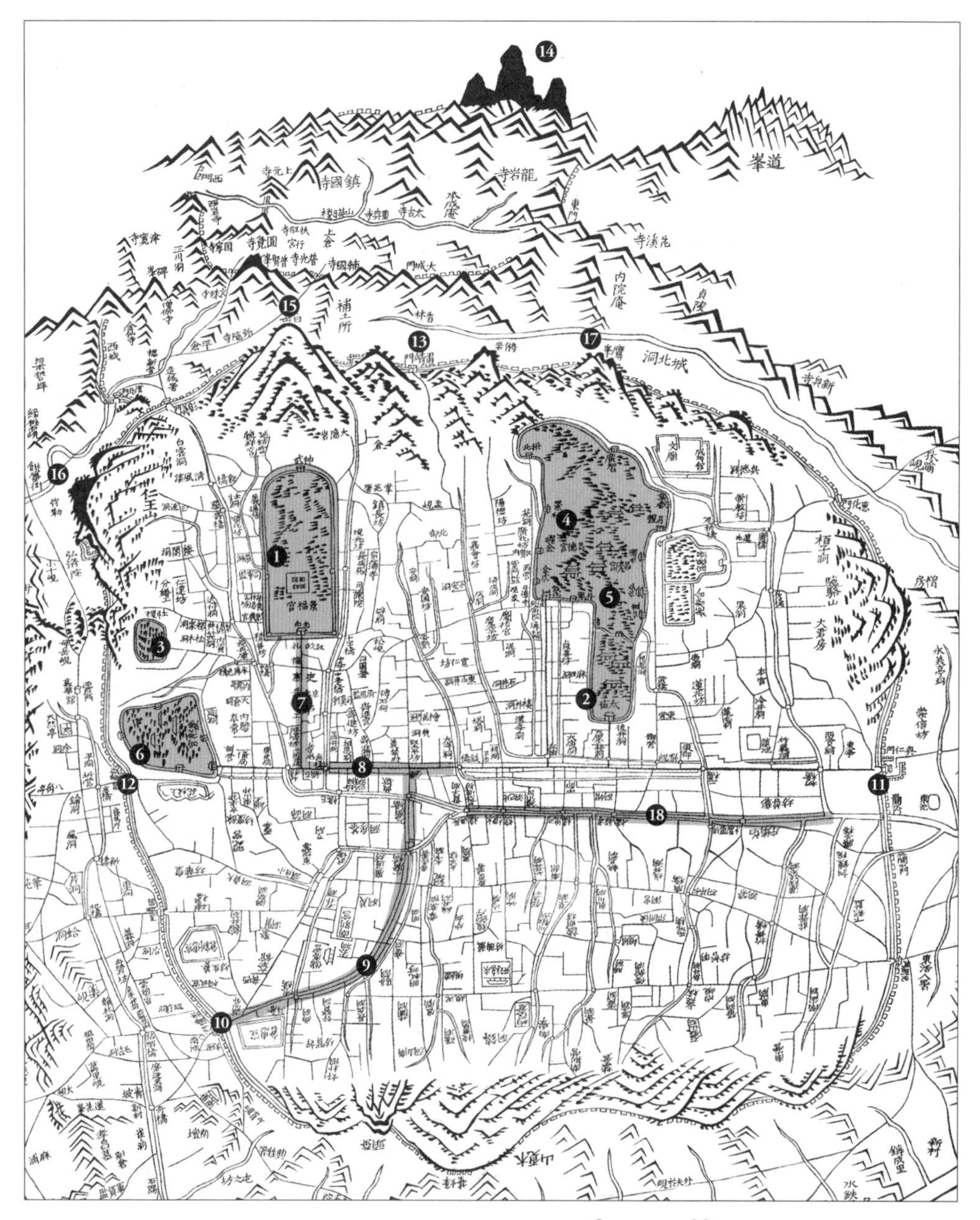

① 경복궁 ② 종묘 ③ 사직 ④ 창덕궁 ⑤ 창경궁 ⑥ 경희궁 ⑦ 육조거리● ⑧ 운종가●● ⑨ 남대문로 ⑩ 남대문(숭례문) ⑪ 동대문(흥인지문) ⑫ 서대문(돈의문) ⑬ 북대문(숙정문) ⑭ 북한산 ⑮ 북악산 ⑯ 인왕산 ⑰ 매봉 ⑱ 청계천

① 경복궁 ② 종묘 ③ 사직

④ 창덕궁 ⑤ 창경궁 ⑥ 경희궁

⑩ 남대문(숭례문) ⑪ 동대문(흥인지문) ⑫ 북대문(숙정문)

수선전도로 본 한양의 도시 설계

한양은 북쪽으로는 북악산, 남쪽으로는 남산, 서쪽으로는 인왕산, 동쪽으로는 낙산에 둘러싸여 있고, 청계천이 한가운데로 지나가는 지형이다. 조선 건국 때 정궁으로 지어진 경복궁이 왼쪽에 자리잡고 있고, 종묘는 궁궐 왼쪽에 사직은 오른쪽에 위치해 있다. 동대문과 서대문을 잇는 동서대로는 직선으로 곧게 나 있는 반면, 남대문에서 시전으로 이어지는 남대문로는 활처럼 휘어져 있다. 서대문은 일제에 의해 철거되어 지금은 찾아볼 수 없다.

●
육조거리: 정무를 담당한 여섯 부서, 이조, 호조, 예조, 병조, 형조, 공조와 한성부 관청이 있었다.

●●
운종가: 사람들이 구름같이 모이는 거리라는 의미로 국가에 물자를 보급하는 시전이 설치되어 중심 상업 지역 기능을 했다.

인 임금은 남쪽을 바라보게 궁궐을 조영한다'는 천자남면(天子南面)의 원칙과도 부합된다. 종묘 역시 유교질서에서 핵심 건물이 되는데, 경복궁 동쪽으로 중간쯤 가다가 약간 아래쪽에 위치해 있다. "북쪽의 산을 주산으로 하여 북쪽을 등지고 남쪽을 향해 있어" 종묘의 터로 삼을 만한 곳이다. 경복궁 서쪽으로 보면 종묘와 함께 국가를 상징하는 제사터인 사직의 모습이 보이는데, 『태조실록』에는 사직단의 터를 선정한 이유가 나오지는 않는다. 다만 1395년 2월 27일에 태조 이성계가 직접 "서쪽 봉우리 밑에 행차하여 사직단 쌓는 것을 보았다"고 기록되어 있는데, 여기서 서쪽 봉우리는 인왕산이다. 경복궁에서 바라보는 관점에서 보면 종묘는 왼쪽, 사직단은 오른쪽에 있어 '종묘는 궁궐의 왼쪽에, 사직단은 오른쪽에 만든다'는 좌묘우사(左廟右社)의 원칙에 부합된다.

> 천자는 (종묘가) 7묘이고 제후는 5묘이며, 좌묘우사의 원칙은 (본받아야 할) 옛날의 제도이다. 고려에서는 소목의 순서와 당침의 제도가 법도에 부합되지 않았다. 또 (종묘가) 성 밖(의 왼쪽)에 있었으며, 사직은 비록 오른쪽에 있었으나 그 제도는 옛것에 어긋남이 있다. 따라서 예조가 상세히 구명하고 의논하여 (올바른) 제도를 확립하도록 할 것이다.

즉위조서에도 좌묘우사의 원칙을 분명하게 천명하고 있으며, 고려에서 그것을 잘 지키지 않았으니 바로잡겠다는 의지를 피력하고 있다.

궁궐 앞에 주작대로 대신 시장이 있다?

그런데 여기서 하나 꼭 짚고 넘어가야 할 것이 있다. 중국의 수도에서 좌묘우사의 원칙은 명나라와 청나라의 수도였던 북경처럼 정확한 좌우대칭을 의미했으며, 북경은 종묘와 사직단도 황성 안에 있다. 그런데 고려의 수도인 개성의 문제점을 개선했다는 한양은 좌묘우사의 원칙을 지켰지만 정확한 좌우대칭이 아니며 궁궐 밖에 있어 중국과 다르다.

수도의 중심인 궁궐의 위치 역시 특이한 점이 있다. 중국의 궁궐은 명나라와 청나라의 수도인 북경의 정중앙, 당나라 장안의 북쪽 중앙에 있다. 경복궁은 중국과 다르게 도시의 서북쪽에 치우쳐 있다. 이것만 보아도 중국과 한양이 꽤나 다르다는 것을 알 수 있다. 최우선 기준으로 여겨진 도시설계 원리가 핵심사항부터 차이가 발생한 것인데, 왜 이런 차이가 나타나게 되었는지는 전해지는 지도나 기록으로 풀어낼 수 없다. 그런데 더 큰 차이는 이제부터 시작이다.

경복궁의 남쪽으로 가보면, 남쪽으로 곧게 뻗은 육조거리의 오른쪽에 의정부－이조－경조(京兆, 한성부)－호조, 왼쪽에 예조－사헌부－병조－형조－공조 등 관청이 들어서 있다. 이는 『주례』 「고공기」의 '신하들이 근무하는 관청은 궁궐의 앞쪽에 둔다'는 전조(前朝)의 원칙에 따른 것이다.

그런데 전조와 항상 쌍으로 언급되는 '시장은 궁궐의 뒤쪽에 둔다'는 후시(後市)의 원칙은 지켜지지 않았다.

> 시전(市廛)이 들어설 큰 시장을 장통방 위쪽에 정하여 쌀과 곡물 및 여러 물건을 다루게 하였는데, 동부는 연화골 입구까지, 남부는 훈도방까지, 서부는 혜정교까지, 북부는 안국방까지, 중부는 광통교까지로 하였

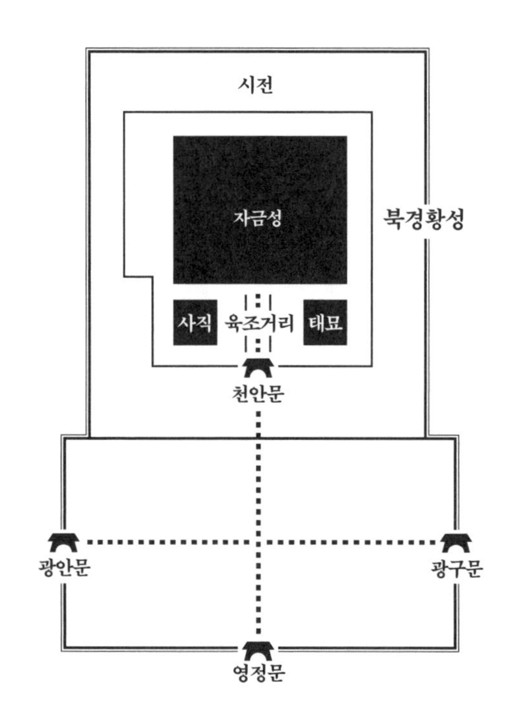

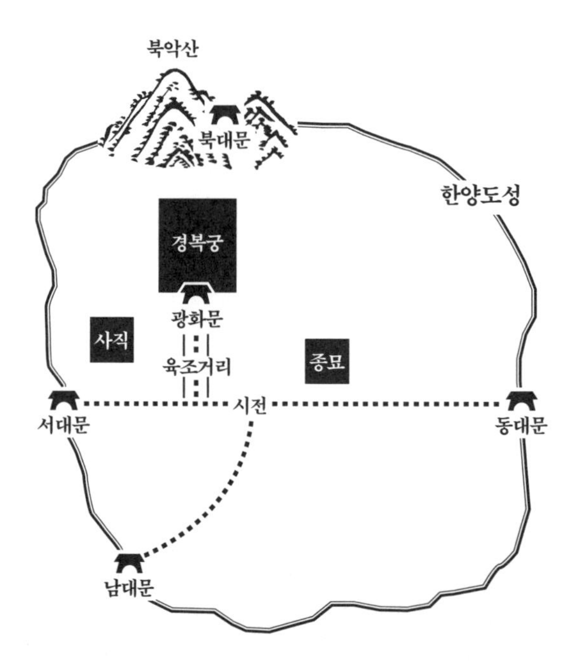

한양과 북경의 도시 구조 비교

두 도시 모두 『주례』 「고공기」를 바탕으로 건설되었지만, 구조에서 확연한 차이를 볼 수 있다. 북경의 경우, 한눈에 보기에도 직사각형과 좌우대칭의 형태로 엄격하게 '좌묘우사', '전조후시'의 원리가 적용되어 있다. 자금성에서 천안문을 거쳐 외성 정문인 영정문까지 마차 아홉대가 나란히 지날 수 있는 대로가 직선으로 놓여 있다. 반면 한양의 경우 경복궁이 중앙에 위치해 있지 않고, 시장이 경복궁 앞에 위치해 '전조후시'의 원리가 지켜지지 않았다. 또한 경복궁과 남대문까지 직선대로를 만들지도 않았다.

다. 소와 말은 장통방 아래의 냇가로 정하였고, 주거지의 작은 시장은 각각 사는 곳의 문 앞에서 행하게 하였다.

—『태종실록』 9년 2월 7일

시전이 들어선 큰 시장의 서쪽 끝인 서부의 혜정교는 육조거리가 끝나는 지점의 동쪽에 있는 다리이고, 동쪽 끝인 동부의 연화골 입구는 종묘 동쪽의 두다리(二橋) 부근이다. 이 구간은 동서 간선도로인 현재의 종로 양쪽 변에 들어선 시전을 가리키는 것으로, 조선이 멸망할 때까지 가장 중요한 시장이 들어서 있었다. 중부의 경계선으로 나오는 광통교는 종각에서 숭례문까지 연결된 간선도로가 청계천과 만나는 지점에 있던 큰광교를 가리키는데, 종로의 시장이 남쪽으로 확대된 모습이다. 기타 북부 안국방의 경계는 지금의 인사동거리가 끝나는 지점이고, 남부 훈도방의 경계는 지금의 을지로이다.

시장은 도시의 주민들에게 물자를 공급하는 곳이기 때문에 꼭 필요하지만 신분의 높낮이를 막론하고 누구나 드나들 수 있어 잘 보이고 싶어 하지 않는 공간이다. 그래서 신성한 공간인 궁궐과 궁궐과 직접 연결된 공간을 피하기 위해서 '시장은 궁궐의 뒤쪽에 둔다'는 후시(後市)의 원칙이 정해졌다. 하지만 한양은 시장이 궁궐의 뒤쪽이 아니라 동남쪽에 배치되어 있기 때문에 후시의 원칙이 전혀 지켜지고 있지 않다. 다만 궁궐과 직선으로 연결되는 육조거리에서 벗어나 있어 신성한 궁궐과 직접 연결되는 것은 피했다.

한양의 간선도로망 역시 중국의 수도에서는 찾아볼 수 없는 형태로 만들어져 있다. 『주례』「고공기」에서 묘사된 도시의 간선도로는 모두 직선을 위주로 하고 있는데, 이는 명나라와 청나라의 수도였던 북경에서도 관철되었다. 한양에서도 육조거리는 완전히 직선이고, 서대문과 동대문을 잇는 동서의 간선도로는 서대문 부근의 서쪽 끝 부분을 제외하면 직선이다. 하지만 서울 성곽의 정문인 숭례문에서 종각까지 이어진 남북의 간선도로는 직선이 아니라 활처럼 휘는 곡선으로 만들어져 있다.

중국의 수도에서 일반화된 간선도로와 한양의 간선도로 사이의 가장 큰 차이는 정궁의 정문과 도시를 둘러싼 나성(羅城)의 정문을 연결하는 방식에서 나타난다. 중국의 수도에서는 정궁의 정문에서 남쪽으로 바라보는 나성의 정문까지 직선으로 연결한 남북대로란 뜻의 넓은 주작대로(朱雀大路)가 만들어져 있지만 한양에는 그런 주작대로가 없다. 경복궁에서 남쪽으로 뻗은 직선의 육조거리를 중국의 수도에서 나타나는 주작대로라고 보기도 하는데, 나성의 정문까지 직선으로 연결되지 않는다는 점에서 억지에 가깝다. 경복궁의 정문인 광화문과 나성의 정문인 숭례문까지 연결된 간선도로는 두 번이나 90°로 꺾어질 뿐만 아니라 앞에서 언급했듯이 숭례문에서 종각까지는 활처럼 휘는 곡선으로 만들어져 있다.

중국의 수도와 다른 간선도로의 모습으로 또 언급할 수 있는 것은 명나라와 청나라의 수도인 북경에서는 북대문의 위치가 궁궐의 거의 정북에 있는데 서울의 북대문인 숙정문은 그렇지 않다는 점이다. 또한 북대문인 숙정문까지 간선도로망이 연결되어 있지 않다는 점도 중국 수도의 간선도로망과 다르다. 이밖에도 네 개의 작은 성문인 서북쪽의 창의문, 서남쪽의 소의문, 동남쪽의 광희문, 동북쪽의 혜화문으로 연결되는 2차 간선도로 역시 직선이 없다는 점도 중국의 수도와 다르다. 이렇게 중국의 도시설계를 따라한 점보다 다른 점들이 더 많다. 이런 차이가 단순히 설계자들의 무신경함 혹은 실수로 치부할 수 있을까? 아닐 것이다. 유교가 조선 건국에 가장 강력한 사상적 뒷받침을 했던 것을 생각하면 이는 결코 단순한 문제로 치부할 수 없다.

계승과 단절, 두 마리 토끼를 잡다

조선의 수도 한양에서 궁궐의 천자남면, 좌묘우사, 주요 관청의 전조 등의 원칙이 적용되었다는 점에서 중국 수도의 조영 원리를 참조하였음을 분명하게 알 수 있다. 하지만 도시 중앙의 궁궐 위치, 좌묘우사의 좌우대칭, 후시, 직선의 간선도로망, 궁궐의 정문과 나성의 정문을 직선으로 연결한 주작대로, 궁궐과 북대문을 연결한 직선의 간선도로 등이 다르다는 점은 도시계획에서 중국의 수도와 전혀 다른 원리가 적용되었다는 것을 짐작하게 한다. 그렇다면 중국과 차별화되는 다른 원리는 무엇이었을까? 그것은 바로 풍수였다.

지금까지는 일반적으로 한양의 도시계획에서 중국의 도시 조영 원리가 가장 중요한 원칙이었고 풍수의 원리가 적용되면서 지형적인 요인이 발생하여 변형된 것으로 이해하는 경향이 있었다. 하지만 조선의 개국 이후 천도의 후보지를 선정할 때 중요 기준으로 등장했던 원칙은 1장에서 확인했듯이 『주례』「고공기」가 아니라 풍수였다. 또한 수도에서 가장 중요한 궁궐과 그다음으로 중요한 종묘의 터를 잡을 때 가장 중요한 기준이 되었던 것도 역시 풍수였다.

따라서 한양은 풍수를 주요 원칙으로 하여 만든 기본 틀 속에 중국의 도시 조영 원리를 부분적으로 적용시킨 도시라고 할 수 있다. 중국에는 우리나라 사람들이 인식하는 주산 – 좌청룡 – 우백호 – 안산의 풍수 지형인 작은 분지를 인위적으로 선택하여 만든 도시가 없으니, 한양은 중국의 도시를 모방하여 만들어진 도시가 아님을 알 수 있다. 그러면 한양을 만들 때 참조한 도시계획 모델은 무엇이었을까? 풍수 지형을 인위적으로 선택하여 만든 최초의 도시는 고려의 수도였던 개성이다. 따라서 서울은 개성을 주요 모델로 하면서 중국의 도시 조영 원리를 응용하여 만들어진 새로운 유형의 도시다.

한양이 이렇게 만들어진 이유는 첫째, 개성의 도시 조영 원리인 풍수를 기본 원칙으로 함으로써 고려와의 급격한 단절을 불안하게 생각할지도 모르는 신하와 백성들의 민심을 달래기 위한 것이었다. 둘째, 개성에는 거의 적용되지 않았던 중국의 도시 조영 원리를 새롭게 도입하여 도시를 조영함으로써 고려의 단순한 계승이 아니라 질적으로 다른 새로운 나라를 건국했다는 점을 백성들에게 각인시키기 위한 것이었다. 이와 같이 고려를 계승하는 동시에 단절을 강조해야 하는 과제가 묘하게 결합된 한양의 도시구조는 역성혁명의 딜레마를 극복하기 위해 고도로 계산된 결과물이었다.

조선시대에 태평로는 왜 없었을까?

풍수가 한양의 또 다른 설계 원리였음을 염두에 두면서 다시 간선도로의 미스터리로 돌아가 세종대로사거리에 서보자. 거기서 남쪽으로 조금 내려가면 시청, 시청역, 덕수궁이 있으며, 다시 서남남쪽으로 약간 꺾으면 바로 서울 성곽의 정문이었던 숭례문이 보인다. 이 숭례문에서 세종대로사거리까지 이어진 큰길을 도로명주소가 일반화되기 전까지 태평로라고 불렀다.

그런데 태평로에 대해 대부분이 모르는 사실이 있다. 김정호가 1840년대에 제작한 아름다운 목판본 수선전도(首善全圖)에는, 태평로가 그려져 있지 않다. 태평로는 놀랍게도 일제강점기에 신설한 길이다.

일본인들에게는 서울 성곽의 정문인 숭례문으로부터 서울의 최고 권력 중심지인 경복궁까지 큰길이 바로 연결되지 않는 사실이 이해되지 않았을 것이다. 일본은 물론 중국의 도시에도 그런 경우는 없었다.

현재의 입장에서 보아도 태평로가 없다면 상당히 불편했을 것이다. 아마 일본인들이 새 길을 만들지 않았다고 해도 해방 후 언젠가는 만들었을 큰길일 것이 분명하다. 하지만 조선은 600년간 경복궁과 숭례문을 잇는 큰길을 만들지 않았다.

참 신기한 일이다. 그래서 혹자는 세종대로사거리 바로 남쪽에 있던 작은 고개인 황토마루(黃土峴) 때문이라고 설명한다. 하지만 이는 조선이 '작은 나라'란 선입견 때문에 조선이란 나라의 능력을 무시하는 견해일 뿐이다. 조선보다 훨씬 작은 나라도 필요하다면 그 정도로 낮은 고개는 없애버릴 수 있었다.

또 다른 이는 전투를 벌일 때 경복궁으로 직접 공격하지 못하게 하기 위해서였다고 말한다. 하지만 이것 역시 경복궁이 방어력이 전무하다는 사실을 모르고 하는 소리이다. 만약 강한 적이 한양 도성 안으로 진입했다면 그것은 이미 끝난 전투라고 할 수 있다.

마지막으로, 경복궁에서 솟아난 지기(地氣)가 쉽게 빠져나가지 못하도록 하기 위해 그렇게 했다는 의견이 있다. 그래도 이 주장이 가장 그럴듯해 보인다. 한양과 경복궁의 조성에 풍수 이론이 핵심적 역할을 했기 때문이다. 하지만 이 주장은 너무 추상적이어서 정답이라고 보기 어렵다.

그러면 도대체 왜 한양의 설계자는 주작대로 기능을 하는 태평로를 만들지 않았을까? 중국 도시와 가장 확연하게 차이가 나는 부분인 만큼 이를 설명하기 위해 다양한 견해가 제시되었지만, 지금까지 명쾌한 해답은 제시되지 못했다. 그 이유는 간단하다. 모두가 평면도만으로 서울을 분석하려고 했지, 입체 공간으로 과거 서울을 체험하려 하지 않았기 때문이

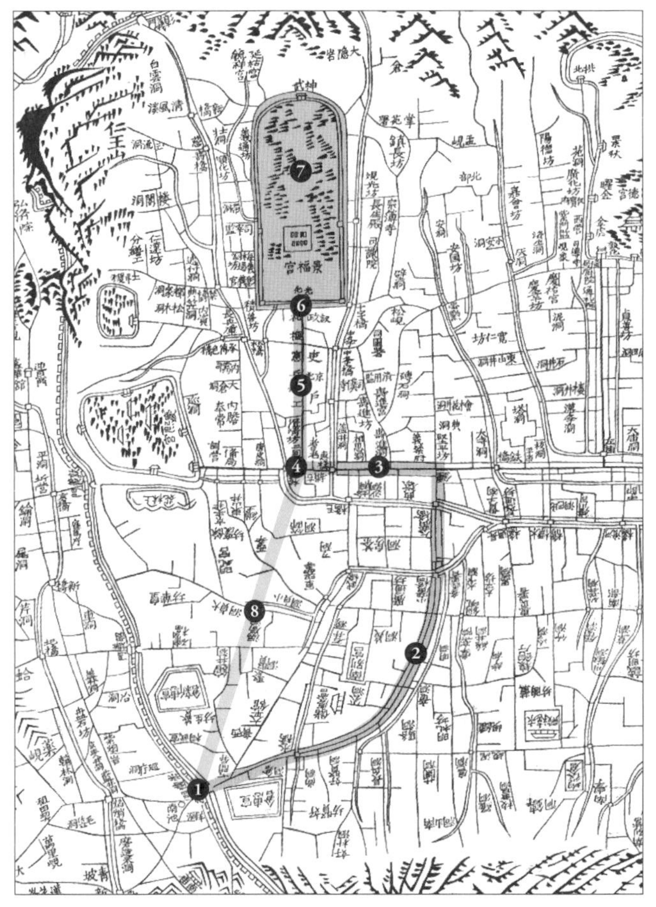

숭례문(남대문)에서 광화문 가는길

숭례문에서 경복궁으로 가기 위해서는 직선도로 대신 두 번에 걸쳐 꺾어지는 복잡한 길로 돌아가야 했다. 숭례문에서 출발해서 지금의 종로인 운종가에서 한번 꺾고, 육조거리 앞에서 다시 한 번 꺾어야 경복궁에 도착할 수 있었다.

① 숭례문
② 남대문로
③ 운종가
④ 세종대로사거리
⑤ 육조거리
⑥ 광화문
⑦ 경복궁
⑧ 옛 태평로

1900년대 남대문로

1900년대 구한말 당시 남대문로의 모습. 임금이 사는 궁과 정문인 남대문까지의 길이 휘어져 있는 것을 확인할 수 있다. 건물들 너머로 북악산이 보인다. 낮은 초가집과 기와집으로 이뤄진 풍경에서 북악산은 지금보다 훨씬 웅장한 모습으로 다가온다.

다. 또한 태평로가 생긴 이후 조선의 설계자들이 보여주고자 했던 풍경이 사라졌기 때문이다.

어디에서도 보이지 않는 경복궁

도시를 최초로 설계하고 만든 사람은 평면의 도시계획도를 미리 만든 후 그것에 따라 도시의 여러 부분을 하나하나 완성해간다. 하지만 도시가 완성된 후 도시의 주민들은 도시계획도 속의 평면도시가 아니라 자연지형이든 인공 건축물이든 3차원의 입체적 공간 속에서 도시를 보고 느끼며 일상적으로 살아간다. 따라서 아무리 잘 만들어진 것이라고 하더라도 도시계획도 속의 평면도시는 궁극적으로 입체도시를 상정하면서 만든 보조적인 수단에 불과하다. 따라서 도시의 평면도만으로는 풍경을 상상할 수 없다.

서울을 비롯한 전통도시의 대다수 연구는 입체도시가 아닌 평면도시의 관점에서 주로 이루어져 왔다. 특히 근대로 이어지기 직전의 도시가 아니라면 입체의 건축물 대부분이 사라져 발굴을 통해 평면구조만 알 수 있는 전통도시의 연구는 더더욱 그랬다. 하지만 역사 속에 등장했던 모든 도시가 실질적으로 기능할 때 평면이 아니라 입체로서 존재했다는 점을 상기한다면 평면 중심의 전통도시 연구 결과는 항상 불완전할 수밖에 없다. 이를 극복하기 위해 전통도시 연구자들은 입체도시를 늘 머릿속에 그리면서 전통도시를 연구·분석해야 하며, 조선의 수도였던 서울 역시 예외가 아니다.

한양의 도시계획에서 가장 먼저 터를 잡은 곳은 궁궐 즉, 경복궁이었다. 궁궐은 국가 최고의 통치자 임금이 살면서 나랏일을 결정하는 공간으로, 백성들이 도시 안에서 가장 권위를 느낄 수 있도록 상징적으로 만들어져야 한다. 따라서 경복궁의 터를 잡을 때도, 다른 건축물을 배치하고 도로구조를 만들어나갈 때도 경복궁의 권위를 해칠 수 있는 어떤 것도 용납될 수 없다. 그러면 임금을 상징하는 경복궁의 신성불가침한 권위는 어떤 관점에서 입체적으로 상징화되어야 할까?

전통 사극이나 영화는 절대 권력자로서의 임금을 부각시키기 위해 궁궐 정전의 높은 곳에 앉은 임금이 낮은 곳에 열 지어 늘어선 많은 신하와 백성들을 굽어보는 관점에서 찍은 장면이 많다. 이런 영상 때문인지 임금이 굽어보는 관점에서 궁궐의 입체적 상징이 만들어진 것으로 이해하려는 경향이 있는데, 이것은 잘못된 접근이다. 임금의 권위는 스스로 선언하는 것만으로 오래가지 못한다. 신하와 백성들로부터 신성불가침한 것으로 당연하고 자연스럽게 인정받을 수 있을 때, 당대뿐만 아니라 대대손손 미래까지 세습될 임금의 권위가 확고하게 형성될 수 있는 것이다.

궁궐의 입체적 상징도 신하와 백성들이 임금을 만나러 가면서 자연스럽게 권위를 인정할 수 있도록 만들어진다. 경복궁의 정문인 광화문에서 서울 성곽의 정문인 숭례문까지 직선의 간선도로를 만들지 않은 이유는 『태조실록』에는 나오지 않는다. 하지만 신하와 백성들이 그 길을 따라가며 눈으로 보는 입체적 상징 속에 임금의 권위를 저절로 인정하게끔 계획되고 만들어졌다는 것을 짐작할 수 있다.

이제부터 서울 성곽의 정문인 숭례문을 거쳐 경복궁의 임금을 만나러 가는 과정 속에서 어떤 입체적 상징을 경험하게 되는지 직접 체험해보자.

풍수의 명당 논리에 따라 수도로 정해진 서울은 주산－좌청룡－우백호－안산의 산과 산줄기로 둘러싸여 있다. 따라서 전라도, 충청도 동부, 경기도 남부 사람들이 동재기나루(銅雀津), 노들나루(露梁津), 삼개(麻浦) 어디에서든 한강을 건너 숭례문으로 접근하더라도 경복궁은 전혀 보이지 않는다. 이는 숭례문으로 들어서고 나서도 마찬가지인데, 숭례문의 통로가 경복궁이 있는 북쪽이 아니라 서남－동북 방향으로 만들어졌기 때문이다. 숭례문을 지나면 서울 시청 방향의 세종대로와 종각 방향의 남대문로로 갈라진다. 이 중 숭례문부터 서울시청을 거쳐 세종대로사거리까지 이어진 세종대로 구간은 일제강점기에 만들어진 것으로, 조선시대에는 없던 간선도로다. 남대문로가 조선시대 숭례문에서 종각까지 이어진 남북의 간선도로이다.

숭례문을 지나자마자 만나는 남대문로는 경복궁이 있는 북쪽이 아니라 동쪽을 향해 만들어졌기 때문에 경복궁이 보이지 않는다. 남대문로는 한국은행 앞에서 북쪽으로 휘어져 작은광교－큰광교를 거쳐 종각까지 이어지다가 동서 간선도로인 종로와 만난다. 이곳에서 남대문로는 북쪽을 향한 우정국로와 이어지지만 조선시대에 이 길은 넓은 간선도로가 아닌 좁은 길이었다. 종각에서 동서의 간선도로인 종로를 따라 서쪽으로 90° 꺾어서 세종대로사거리에 이르면 북쪽으로 경복궁까지 직선으로 이어진 옛날의 육조거리를 만나게 된다. 그곳에서 북쪽을 바라보면 드디어 처음으로 경복궁을 볼 수 있는데, 풍수의 주산인 북악산(342m)과 조산인 북한산의 문수봉(727m)·보현봉(714m)이 우뚝한 하늘－산－광화문이 일직선상으로 다가온다.

1394년 9월 9일 태조 이성계로부터 한양의 도시계획을 짜도록 명을 받은 권중화·정도전·심덕부·김주·남은·이직 등은 풍수의 원리를 통해 궁궐터를 잡을 때 하늘－산－궁궐의 풍경을 백성들에게 시각적으로 보여주고자 했다. 어느 성문으로 들어와도 세종대로사거리에 도착하여 북쪽을 바라보기까지 이 풍경을 전혀 볼 수 없도록 간선도로망을 만든 것이다.

강화도와 김포 등 경기도 서부의 사람들은 양화나루(楊花津)를 거쳐 서소문인 소의문으로, 평안도, 황해도, 경기도의 서북부 쪽 사람들은 무악

광화문광장(육조거리)에서 본 경복궁

어느 대문에서 어느 길로 와도 보이지 않던 경복궁이 육조거리로 들어서는 순간 북악산과 함께 시야에 펼쳐진다.

光化門

재(毋岳峴)를 넘어 서대문인 돈의문으로 도성에 들어오는데, 오늘날에도 세종대로사거리에서 북쪽을 바라보아야 경복궁을 처음으로 볼 수 있다는 점은 변함이 없다. 함경도, 경기 북동부의 사람들이 무너미고개(水踰峴) – 되너미고개(狄踰峴 – 미아리고개)를 거쳐 동소문인 혜화문으로, 강원도와 경기 동부의 사람들이 청량리를 거쳐 동대문인 흥인지문으로, 경상도와 충청도 동부, 경기도 동부의 사람들이 한강나루(漢江津), 두뭇개(豆毛浦), 뚝섬(纛島), 삼밭나루(三田渡), 광나루(廣津) 등을 거쳐 광희문으로 들어와도 마찬가지다.

과거 보러 가는 선비의 한양 구경

한양의 설계를 이해하기 위해서는 오늘날의 관점이 아닌 당시 사람들의 눈에서 바라볼 필요가 있다. 조선의 모든 양반은 과거를 보기 위해 평생을 살았던 사람들이고, 그들은 떨어지든 붙든 과거에 응시하는 것이 숙명이었다. 그렇다면 이렇게 과거를 보러 가는 사람이 처음으로 본 경복궁의 느낌은 어떠했을까. 경복궁이 정궁이었던 고종 때 수원에 사는 선비 홍길동이 근정전에서 열린 정시를 보러간다고 가정해보자.

독성산 아래 유서 깊은 마을 조꼬지(오산시 지곶동)에 사는 약관의 홍길동은 오직 과거 하나만 바라보며 열심히 공부했다. 그러던 중 세자 저하의 경사스런 책봉 행사를 축하하기 위한 정시가 한양에서 열린다는 소식이 들려온다.

홍길동의 마음은 두근거리기 시작했다. 그동안 갈고 닦은 실력을 시험

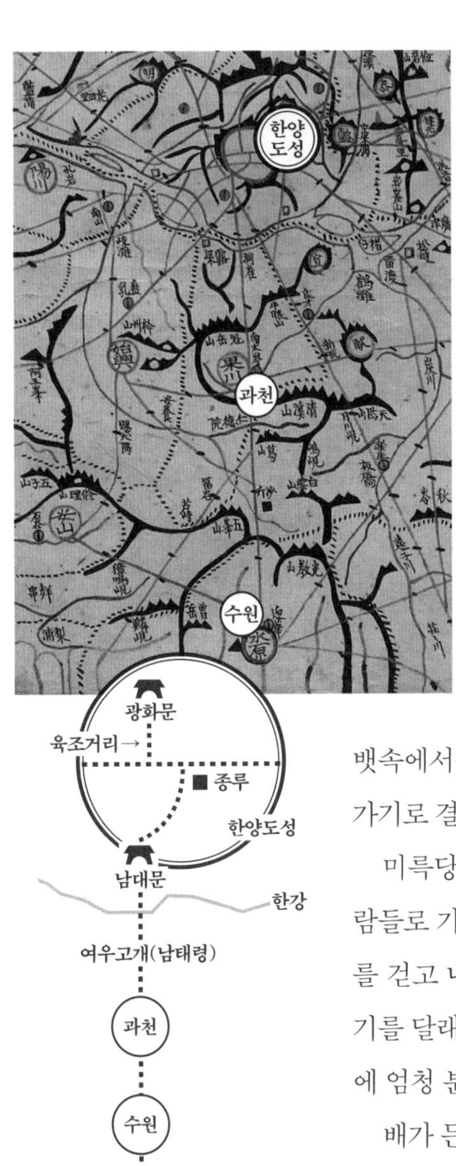

대동여지도로 본 서울까지의 여정

해 볼 수 있는 기회가 생겼기 때문이다. 아직 한 번도 가보지 못한 한양을 향해 가을 이른 새벽에 하인 하나를 대동하고 들뜬 마음으로 집을 나선다.

잔다리(오산시 세교동) 마을의 뒷산을 넘으니 삼남으로 통하는 큰길이 나왔는데, 자기처럼 과거를 보러가는 사람이 여기저기 보인다. 떡전거리(화성시 병점동)를 거쳐 아랫버드내(수원시 세류동)에서 큰 내를 건너고 윗버드내를 지나 팔달산 오른쪽을 돌아 가니 광주 땅 경계의 대추원(수원시 조원동)에 이른다. 다시 파장골(수원시 파장동)을 지나니 해가 중천에 떴다. 벌써 40리를 걸었다. 시장기에 뱃속에서는 꼬르륵꼬르륵 전쟁이 벌어지지만 조금만 더 가기로 결심한다.

미륵당고개(수원과 의왕 사이의 지지대고개)를 넘으니 사람들로 가득한 사그내술막(의왕시 고천동)이 보인다. 50리를 걷고 나서 여장을 풀고 잠시나마 뜨거운 국밥에 시장기를 달래본다. 분주하게 움직이는 주모는 오랜만의 대목에 엄청 분주하여 힘들 텐데 얼굴에 미소가 가득하다.

배가 든든해지니 피곤이 갑자기 밀려와 잠시라도 더 쉬고 싶다. 하지만 마음은 이미 한양에 가 있다. 먼 길 걸어오느라 닳고 닳은 짚신을 갈아 신으니 걸을 만하여 이내 길을 재촉한다.

모락산 서쪽을 돌아 갈미술막(의왕시 내손동)을 지나니

민배기(안양시 평촌동)에 이르고, 벌말(안양시 평촌동)의 너른 들을 지나 인덕원에서 큰 내를 건넌다. 금천과 과천 경계의 가루개(과천시 갈현동)를 넘으니 저 멀리 과천고을이 보인다. 과천 객사 앞에 이르니 벌써 90리 가까이 걸었다. 이제 한양으로 가는 가장 큰 고개인 여우고개(남태령)을 넘어야 하는데, 어둑어둑하여 너무 위험하다. 하인을 시켜 하룻밤 묵을 곳을 찾아보게 하니, 비록 누추하지만 그래도 다리 뻗고 잘 수 있는 작은 방 하나를 얻었다.

저녁 국밥을 먹고 동쪽 하늘을 보니 벌써 청계산 위로 둥근 달이 휘영청 온 세상을 비춘다. 홍길동은 달을 향해 두 손 모아 간절한 마음을 빌어본다. '제발!' 그리고 방에 들어가 피곤한 몸을 누이며 잠을 청한다.

다음 날 일찍 눈을 뜨자 간단하게 아침을 때운 후 하인을 재촉하여 길을 떠난다. 과천고을을 나와 선바위(과천시 과천동)를 돌아가니 고갯길이 제법 가파르다. 한양에 몇 번이나 다녀온 하인은 이 여우고개에 오르면 서울이 보인다며 "힘내시라" 한다.

드디어 여우고개 정상에 오르니 저 멀리 보이는 곳이 한양이라고 한다. 홍길동의 눈에 하늘 높이 솟아 오른 웅장한 삼각산의 위용이 먼저 들어온다. 그로부터 남쪽으로 뻗어 내린 산줄기가 백악으로 솟아 있고, 왼쪽으론 우백호 인왕산이 호랑이처럼 웅크리며 보좌하며, 안산인 목멱산(남산)까지 이어진 것이 보인다. 갑자기 홍길동의 눈시울이 뜨거워진다. 저 멀리 상감마마가 계시는 경복궁이 있다는 말인가. 처음 보는 한양인지라 무의식적으로 대궐을 향해 큰절을 올린다. 하지만 경복궁과 도성 안은 목멱산에 가려 보이지 않는다.

홍길동은 하인을 재촉하여 고갯길을 내려간다. 과천고을에서 배물다리를 건너 20리쯤 걸으니 드디어 동재기나루(동작구 동작동)에 도착한다. 작은 시내가 한강으로 합류하는 입구인 큰 절벽 아래의 모래톱에 나룻배가 늘어서 있다. 한 폭의 그림 같다. 나루는 삼남과 기호지방에서 과거를 보러 모여든 사람으로 인산인해이다. 틈새를 비집고 겨우 차례를 받아 나룻배를 얻어 타고 한강을 건넌다. 동북에서 서남쪽으로 흘러온 한강물이 절벽에 부딪히며 잔잔한 물결을 만들어서 배는 호수 위를 건너는 것처럼 흔들리지 않는다. 하지만 사람이 워낙 많이 탔는지라 뒤집어질까 조금 걱정도 된다. 그래도 무사히 건너 넓은 모래 벌에 발을 내딛는다.

안도의 한숨을 쉬며, 이제 얼마 남지 않았다는 생각에 다시 길을 재촉한다. 와수현(용산구 용산동5가)을 넘어 돌모루(용산구 원효로1가) · 작작골(용산구 서계동)을 지나고 청패역에서 배다리(용산구 청파동1가)를 건너가니 저 멀리 숭례문이 보이기 시작한다.

'아, 다 왔구나!' 과천고을을 떠난 지 벌써 40리. 숭례문 앞에 늘어선 칠패의 술막에 들러 따뜻한 국밥 한 그릇을 시키고, 급한 마음에 후루룩 뚝딱 먹어치운다.

드디어 숭례문으로 다가선다. 저곳에 들어서면 상감마마께서 계시는 궁궐을 볼 수 있겠구나. 홍길동의 마음에 격한 감정이 북받쳐 오른다. 양쪽으로 늘어선 병졸들의 날카로운 눈빛도 느끼지 못한 채, 어느 틈에 붐비는 인파와 함께 숭례문을 통과한다. 하지만 기대했던 궁궐이 안 보인다. '어, 이게 뭐야.' 홍길동은 당황한다. 기대했던 장면을 보지 못하자 허탈하고 멍한 감정에 사로잡힌다. 그토록 보고 싶었던 궁궐이 숭례문을 들어서도 보이지 않았기 때문이다.

비록 몇 차례, 한양을 다녀간 하인의 안내를 받고 있지만 처음 오는 곳인지라 골목길로 들어설 엄두가 나지 않는다. 할 수 없이 한 번도 본 적이 없는 널찍한 큰길을 따라 걷는다. 작은광교와 큰광교를 지나니 동서로 뻗은 큰길과 만난다. 그 옆으로 종루가 하늘로 날아오를 듯 서 있다. 잠시 한눈을 팔며 구경하고 있는데, 하인이 서쪽으로 꺾어야 한다고 말한다. 이

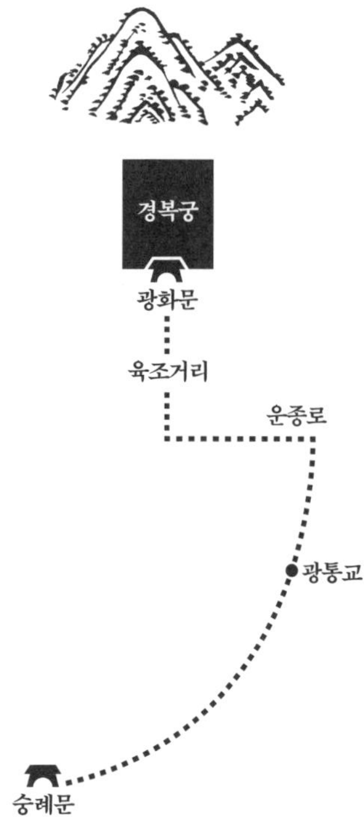

광통교에서 운종로를 지나 육조거리에 들어서기까지 체험하는 홍길동의 시야

한양은 궁궐을 제외하고 모든 가옥이 단층이어서 넓은 간선도로에서 시선을 주변으로 돌리면 북악산, 인왕산, 남산 등 대부분의 산과 산줄기를 볼 수 있었을 것이다. 그렇지만 숭례문에서 육조거리까지 직선으로 이어지지 않았기 때문에 육조거리에 서기까지 경복궁은 보이지 않았다.

름만 들어도 사람을 움츠리게 하는 의금부 앞을 지나 혜정교를 건너니 북쪽으로 난 큰길이 언뜻 보인다. 북쪽으로 난 길로 들어서는 순간, 홍길동의 입에서 "와~" 하며 감탄사가 터진다. 저 멀리 눈이 시리도록 파란 하늘과 우뚝 솟은 백악! 그 아래에 상감마마가 살고 계시는 궁궐이 서 있다.

시야를 통제하며 3단계 풍경을 만들다

뜬금없지만 잠시 스티브 잡스에 대해 이야기해보자. 스티브 잡스는 최초의 PC를 만들고 스마트폰의 대중화를 이끄는 등 손을 대는 사업마다 뛰어난 능력을 보여주었는데, 뛰어난 프리젠테이션 능력으로도 유명했다. 스티브 잡스가 신제품발표회 때마다 사람들의 열광적인 반응을 불러일으켰던 이유는 그가 극적 효과를 능수능란하게 만들어냈기 때문이다. 발표회가 끝났다고 생각하는 순간 화면에 'ONE MORE THING...'이라는 문구가 뜨면서 또 하나의 신제품을 발표한다. 물론 그전까지 어떤 정보도 새지 않게 철저한 보안은 생명이다. 스티브 잡스의 프리젠테이션이나 친구에게 하는 깜짝 생일파티, 공포영화에서 반전 모두 대상을 철저히 숨기다가 예상치 못한 순간에 보여줌으로써 극적인 효과를 극대화시킨다.

동일한 원리가 한양의 도로설계에도 적용되었다. 홍길동이라는 가상인물을 통하여 조선시대 사람들의 한양 입성기를 재구성해 보았다. 숭례문을 지나면 경복궁을 볼 수 있으리라는 홍길동의 예상이 빗나간 이유는 지금의 태평로가 조선시대에는 없었기 때문이다. 조선의 건국자들이 태평로를 만들지 않은 이유는 시각적 효과를 극대화하기 위해서였다. 경복궁을 볼 수 있는 시야를 의도적으로 통제하여 극적인 풍경을 연출하고자 한 것이다.

육조 거리에서 바라본 광화문 옛 풍경

고층건물이 즐비한 오늘날 과거의 광화문 풍경을 느끼기란 쉽지 않다. 하지만 현대의 흔적을 지우고 조상들이 보았을 권위의 풍경을 그려보아야만 우리 풍경을 이해할 수 있다.

이러한 의도에서 눈여겨 볼 점은 풍경을 바라보는 사람의 시야에 궁궐과 산 그리고 하늘이 일직선상에 위치한다는 것이다. 나는 이것을 3단계 풍경이라고 부른다.

정말 도로와 관람자의 위치를 조정해서 이 풍경을 의도적으로 만든 것일까? 그저 우연의 일치로 만들어진 풍경이 아닐까? 만약 경복궁에서만 이런 풍경을 볼 수 있다면 우연의 결과라고 치부할 수 있다. 하지만 종묘와 사직 그리고 다른 궁궐에서도 이러한 3단계 풍경이 나타난다면, 다른 조건과 환경의 영향을 받으면서도 모든 건축이 일관된 풍경으로 조성되어 있다면 단순하게 우연이라고 생각할 수 있을까?

나라의 근본, 종묘와 사직

권중화·정도전 등이 풍수의 원리에 따라 궁궐터 다음으로 조영한 곳은 종묘였다. 서울의 옛 지도에서 종묘로 진입하는 방법을 확인해 보면 동서대로인 종로에서 북쪽으로 90° 꺾어서 갈 수 있게 되어 있다. 바로 그 지점에서 종묘를 바라보면 하늘－산－종묘(외대문)의 3단계 풍경이 너무나도 선명하게 나타난다. 이 풍경에서 가장 우뚝하게 보이는 산은 세종대로사거리에서도 보았던 북한산 문수봉(727m)·보현봉(714m)이며, 팔각정휴게소의 봉우리와 종묘의 주산인 매봉이 겹쳐 나타난다. 세종대로사거리로부터 1.5km 이상 떨어진 지점임에도 동일한 산을 볼 수 있도록 만들었기 때문에 진입로는 종로의 정북이 아니라 서북북－동남남의 방향을 향해 있다.

『태조실록』에는 종묘 다음으로 어떤 터를 잡았는지에 대한 기록이 없지만 종묘와 함께 국가를 상징했던 사직이었음을 쉽게 짐작할 수 있다.

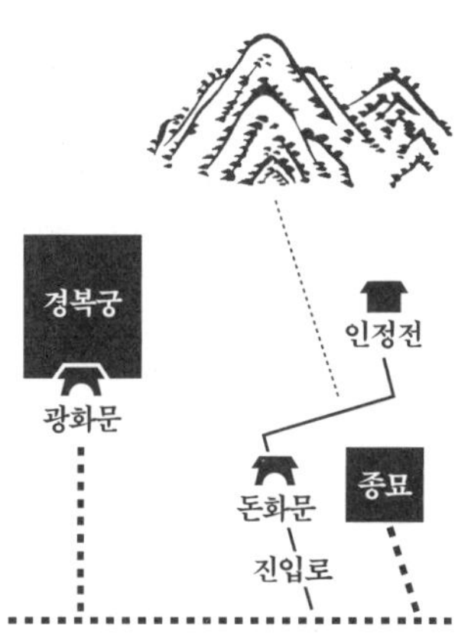

종묘의 3단계 풍경

하늘에서 종묘를 내려보면 종묘의 정문인 외대문과 정전의 방향이 일치하지 않고 틀어져 있는 것을 확인할 수 있다. 진입로에서부터 외대문과 보현봉을 일치시키기 위해 진입로가 정북이 아니라 서북북 방향을 향해 있다.

사직의 3단계 풍경

사직 역시 하늘-산(인왕산)-사직(정문)의 3단계 풍경이 나타난다. 사직에서는 인왕산을 주산으로 하기 위해 서서북으로 진입로가 나 있다.

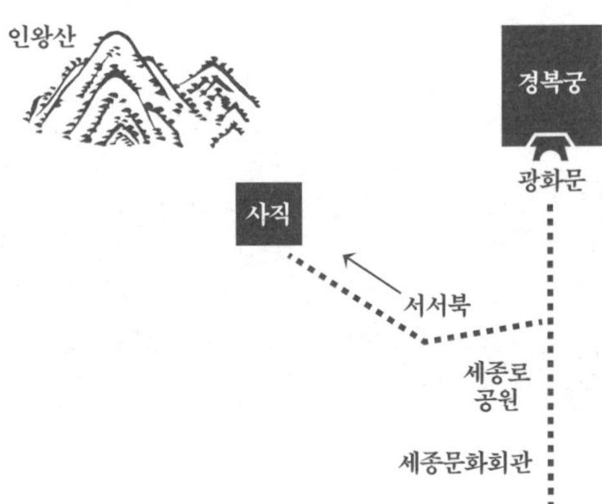

서울의 옛 지도를 보면 사직에 이르는 간선도로는 육조거리에서 서쪽으로 연결된 것으로 나타난다. 현재 이 길은 사직로 8길로 남아 있는데, 세종대로 서쪽에 있는 세종로공원 북쪽에서 시작된다. 정서쪽을 향한 이 길을 따라가다 보면 주한중국문화원 앞에서 서서북쪽으로 방향이 바뀌면서 하늘 – 산(인왕산) – 사직(정문)의 3단계 풍경이 갑자기 나타난다. 경복궁과 종묘에서는 북쪽에 있는 산을 배경으로 조영했기 때문에 남향하였지만 사직에서는 서서북쪽의 인왕산을 배경으로 하고 있기 때문에 남동동쪽을 향해 진입로를 만들었다.

이렇게 보면 태조 이성계의 즉위조서에서 언급했던, 좌묘우사의 중국 수도조영 원리를 한양의 도시계획에 도입하면서도 정확한 좌우대칭은 물론 궁궐 안에 위치시키지 않은 이유를 알 수 있다. 권중화, 정도전 등은 좌묘우사의 큰 틀 속에서 경복궁의 왼쪽(동쪽)에 하늘 – 산 – 종묘의 3단계 풍경을, 오른쪽(서쪽)에 하늘 – 산 – 사직의 3단계 풍경을 구현할 수 있는 곳을 풍수의 원칙에 따라 선택한 것이다. 그리고 이곳에 온 사람들이 3단계 풍경을 체험할 수 있도록 진입로의 시작점과 방향을 세밀하게 계획했던 것이다.

골육상쟁의 기억을 품은 창덕궁

3단계 풍경의 구현은 한양의 도시계획이 이루어질 때 만들어진 경복궁에만 적용된 원칙이 아니었다. 이후 만들어진 궁궐들 역시 3단계 풍경을 구현하기 위해 노력한 흔적이 드러난다.

조선의 건국자 태조 이성계는 첫 번째 부인인 안변 한씨(1337~1391) 사이에 아들 여섯을, 두 번째 부인인 곡산 강씨(1356~1396) 사이에 아들 둘을 두었다. 이성계가 조선의 임금으로 등극했을 때 첫 번째 부인은 이미 사망하였기 때문에 곡산 강씨가 왕비가 되었다. 그리고 강씨의 소생인 여덟째 아들 이방석(1382~1398)이 다음 임금이 될 세자에 책봉되었는데, 첫 번째 부인인 안변 한씨의 아들들은 강하게 반발하였다.

1398년 8월 15일, 안변 한씨의 다섯째 아들 이방원(1367~1422)을 중심으로 일어난 '1차 왕자의 난'으로 두 번째 부인의 두 아들과 개국공신 정도전, 남은 등이 죽었다. 이에 상심한 이성계는 9월 12일, 왕자들 중 연장자였던 둘째 아들 이방과(1357~1419)에게 임금의 자리를 넘겨준다. 조선의 두 번째 임금인 정종(재위: 1398~1400)은 자기의 형제와 개국공신이 죽은 경복궁과 한양을 싫어하여 다음 해인 1399년 개성으로 다시 수도를 옮겼다.

1400년 1월, 넷째 아들인 이방간(1364~1421)과 다섯째 아들인 이방원 사이에 '제2차 왕자의 난'이 일어났다. 이 싸움에서 승리한 이방원은 다음 임금이 될 세자의 자리에 올랐고, 11월 13일 힘이 약했던 정종은 임금의 자리를 이방원에게 완전히 넘겨준다. 조선의 세 번째 임금으로 즉위한 태종(재위: 1400~1418)은 아버지인 태조의 마음을 달래기 위해 한양으로 다시 수도를 옮기고 싶어 했고, 1405년 10월에 개성에서 한양으로 재천도하였다. 십여 년 사이에 천도를 세번이나 한 것이다.

한양으로 수도를 옮기면서 경복궁을 수리하도록 지시

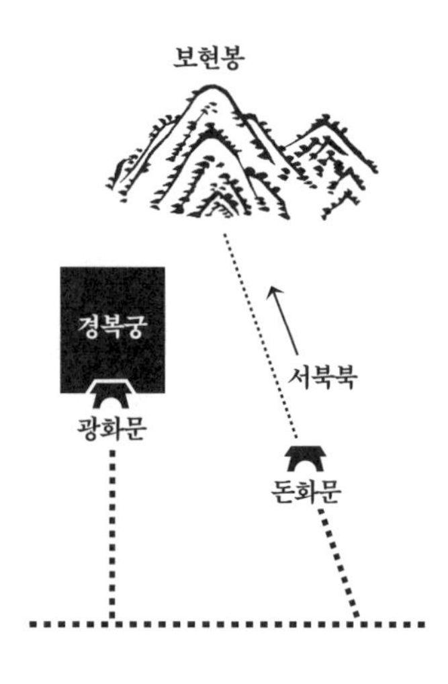

돈화문로에서 바라본 창덕궁 풍경

돈화문로에서 창덕궁 방향을 바라보면 일직선상으로 돈화문 – 보현봉 – 하늘의 3단계 풍경이 펼쳐진다. 창덕궁은 한양 건설 후 나중에 지어져서 앞쪽에 위치한 종묘 때문에 3단계 풍경을 구현하기가 까다로웠다. 그 덕분에 창덕궁은 독특한 구조를 띠게 된다.

했지만 태종은 동생들과 개국공신들이 죽은 경복궁으로 들어가는 것을 꺼렸다. 그리하여 한양을 다시 수도로 정하던 1404년 10월 6일에 향교골 동쪽에 풍수적으로 좋은 땅을 골라 이궁을 짓도록 하였다. 이곳이 바로 종묘 북쪽의 산줄기에 세워진 창덕궁인데, 공사를 시작한 지 1년 후인 1405년 10월에 완성되었다. 그리고 '덕을 빛나게 한다'는 뜻의 창덕궁(昌德宮)이라는 이름을 지었다. 창덕궁의 모든 건물이 이때 만들어진 것은 아니다. 창덕궁의 정문인 돈화문은 그로부터 7년이 지난 1412년에 완성되었다.

태종은 한양으로 수도를 옮긴 후 경복궁이 아니라 창덕궁에 거처하며 나랏일을 보았다. 1412년에 경복궁을 대대적으로 수리하고 창덕궁에서 경복궁으로 거처를 옮기기도 했지만 셋째 아들인 이도(1397~1450)에게 왕위를 양위하면서 상왕이 되어 주로 창덕궁에 거처했다. 조선의 네 번째 임금이 된 세종 때에 이르러 비로소 정궁인 경복궁에 임금이 완전히 거처하면서 나랏일을 보게 되었다. 임진왜란 때 불탄 경복궁은 고종 때까지 중건하지 못하였지만 창덕궁은 1607년부터 다시 짓기 시작하여 1609년에 대부분의 건물을 중건하였다. 이때부터 창덕궁은 경복궁이 중건되어 스물여섯 번째 임금인 고종(1852~1919, 재위: 1863~1907)이 거처를 옮기는 1868년까지 한양의 정궁 역할을 했다.

창덕궁은 3단계 풍경이 우연히 만들어진 산물이 아님을 가장 잘 보여주는 사례이다. 한양 도시계획의 큰 틀이 이미 만들어진 후에 터를 정했기 때문에 경복궁처럼 3단계 풍경의 모습을 만들기가 쉽지 않았다. 그 결과 다른 궁궐과 다른 구조를 가지게 되었다. 경복궁의 경우, 진입로인 육조거리에서 정전인 근정전까지 직선으로 되어 있는 데 반해 창덕궁은 돈화문에서 정전인 인정전에 이르기까지 두 번에 걸쳐 90°로 꺾는 구조이다.

한양의 옛 지도에는 창덕궁의 진입로가 동서대로인 종로에서 북쪽으로

「동궐도」로 본 창덕궁 구조

정문과 정전이 일직선상에 위치한 일반적인 궁궐들과 달리 창덕궁은 특이하게 돈화문에서 인정전까지 진입로가 어긋나 있다. 돈화문을 지나 오른쪽으로 방향을 틀고, 금천교를 건너 왼쪽으로 꺽어야만 정전인 인정전이 나온다. 이렇게 조성한 이유는 창덕궁 앞에 종묘가 있어서 3단계 풍경을 위한 진입로 조성이 어려웠기 때문이다. 창덕궁의 독특한 구조는 3단계 풍경을 만들기 위한 노력의 결과이다.

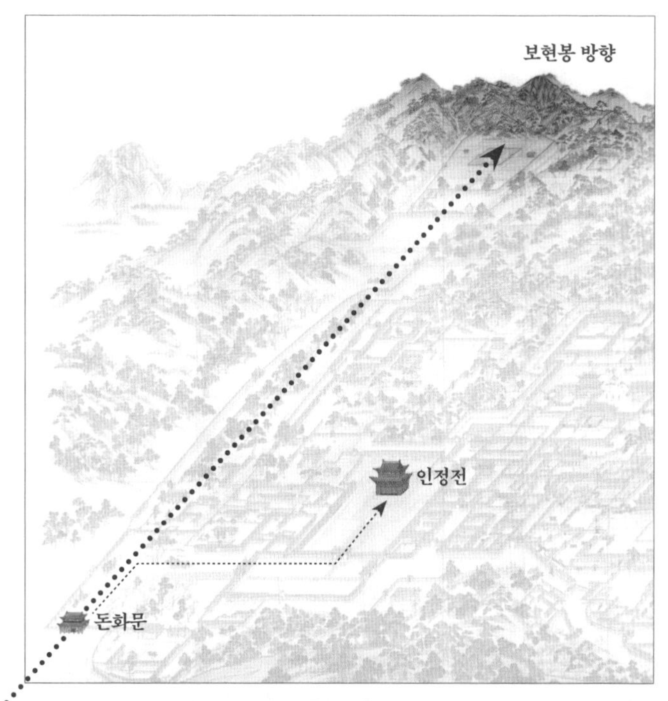

돈화문 안의 보현봉

돈화문 앞에서 바라보면 문 틀 안에 보현봉이 한 폭의 그림처럼 자리잡고 있다. 서울이 산에 둘러싸인 지형이라 해도 이런 멋진 광경은 우연의 산물이 아니다. 돈화문을 보현봉과의 관계를 염두에 두고 세웠으며 이 문이 엄밀한 구도하에 건축되었음을 보여준다.

직선의 형태를 취한 것으로 그려져 있지만 실제로는 현재의 묘동사거리에서 서북북의 방향을 향해 만들어졌다. 그런데 놀랍게도 묘동사거리에서 창덕궁을 바라보면 하늘–산–창덕궁(돈화문)의 3단계 풍경이 선명하게 나타난다. 그리고 이때 종묘의 진입로에서 보았던 것과 동일하게 뒤쪽에 북한산의 문수봉·보현봉, 앞쪽에 팔각정휴게소의 봉우리와 종묘의 주산인 매봉이 겹쳐서 나타난다. 묘동사거리에서 서북북을 향하여 진입로를 조성한 이유는 이러한 3단계 풍경이 구현될 수 있기 때문이다. 또 하나 언급하고 싶은 것은 창덕궁을 방문하는 어떤 사람도 묘동사거리에서 서북북쪽을 바라보기까지 전혀 창덕궁을 볼 수 없다는 점이다. 마치 세종대로사거리에서 북쪽을 바라보기까지 전혀 경복궁을 볼 수 없는 것과 같은 원리이다.

세종의 효심, 창경궁

1418년 8월 10일에 즉위한 세종은 아버지인 태종이 머무를 새 궁궐을 창덕궁 동쪽에 만들기 시작했다. 11월 3일에 완성한 새 궁궐은 아버지가 '오랫동안 평안하게 살기를 바란다'는 뜻으로 수강궁(壽康宮)이라 이름 지었다. 태종은 7일에 이곳으로 거처를 옮겼다. 1483년 2월, 성종(1457~1494, 재위: 1470~1494)은 당시까지 살아 있던 할아버지 세조의 왕비, 아버지 덕종의 왕비, 작은아버지 예종의 왕비 등 세 왕비가 거처할 수 있도록 수강궁을 대대적으로 확장·수리하기 시작했다. 이름도 창경궁(昌慶宮)으로 바꾸고 1484년 9월 27일에 완성한다. 창경궁은 임진왜란 때 경복궁, 창덕궁과 함께 불탔다가 1616년에 중건하였다.

창경궁은 경복궁이나 창덕궁과 달리 남향이 아니라 동향인데, 이렇게 한 이유는 문헌에 기록되어 있지 않다. 조선 전기의 경복궁이나 조선 후기의 창덕궁처럼 중심 궁궐로 기능한 적이 없었기 때문인지 서울의 옛 지도에는 창경궁으로 향하는 진입로가 간선도로로 표시되어 있지 않고, 창덕궁처럼 종로에서 직접 연결되어 있지도 않다. 창경궁의 정문인 홍화문은 현재의 창경궁로 서쪽에 붙어 있고, 반대편에 서울대학교병원이 있는 조선시대 정원 함춘원(含春苑)이 있있다. 창덕궁과 달리 정문인 홍화문부터 정전인 명정전에 이르는 진입로는 90°로 꺾이지 않고 경복궁처럼 직선으로 조성되어 있다. 하지만 진입로가 정문인 홍화문 앞쪽으로 길게 조성되어 있지 않은 것은 지형상의 이유 때문이다.

그러면 주산인 매봉에서 남쪽으로 뻗은 산줄기 위에 종묘·창덕궁과 함께 조성되었음에도 불구하고 유독 창경궁만 동향을 한 이유는 왜일까. 정문인 홍화문 앞에 서서 바라보면 경복궁·종묘·사직·창덕궁에서 보았던 하늘–산–창경궁의 3단계 풍경이 나타나지 않는다. 그렇지만 홍화문 앞으로 난 언덕 위에 오르면 익숙한 풍경이 나타난다. 현재 서울대학교병원의 암센터 건물 5층으로 올라가 창경궁을 바라보면 3단계 풍경이 펼쳐진다. 창경궁의 홍화문–명정문–명정전의 직선축은 연세대학교 뒷산인 안산(292.5m)으로 정확하게 이어진다. 창경궁은 평지에서 볼 수 없지만 앞쪽 언덕에 오르면 하늘–산(안산)–창경궁의 3단계 풍경이 구현될 수 있도록 홍화문–명정문–명정전의 위치를 동향으로 설정했던 것이다.

함춘원 방향에서 본 창경궁의 3단계 풍경

창경궁은 이미 지어진 종묘와 창덕궁 때문에 3단계 풍경을 연출하기 어려웠다. 그래서 종묘와 창덕궁처럼 하늘산을 보현봉이 아닌 인왕산 왼편의 안산으로 잡아 창덕궁과 전혀 다른 새로운 풍경을 구현했다.

弘化門

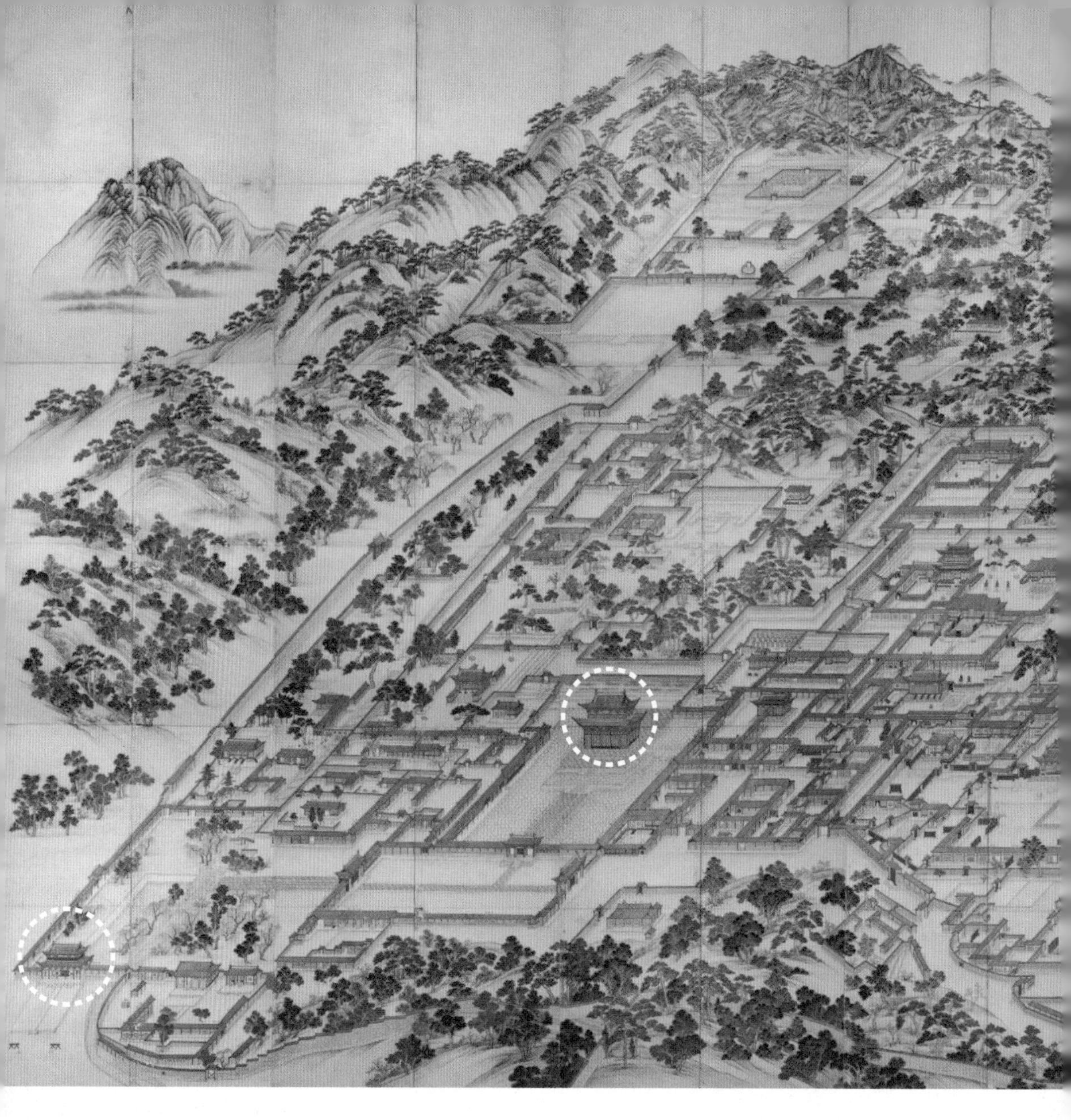

「동궐도」 속 창덕궁과 창경궁 전경

창덕궁과 창경궁은 쌍둥이처럼 바로 옆에 붙어 있다. 창덕궁은 정전, 정문, 진입로가 남향이지만 창경궁은 동향이다. 홍화문 앞부터 함춘원의 언덕이 시작되기 때문에 나중에 지어진 창경궁은 지형의 제약을 받았고, 그 결과 3단계 풍경의 하늘산도 바뀌었다.

창덕궁 돈화문 ⟶ 인정전

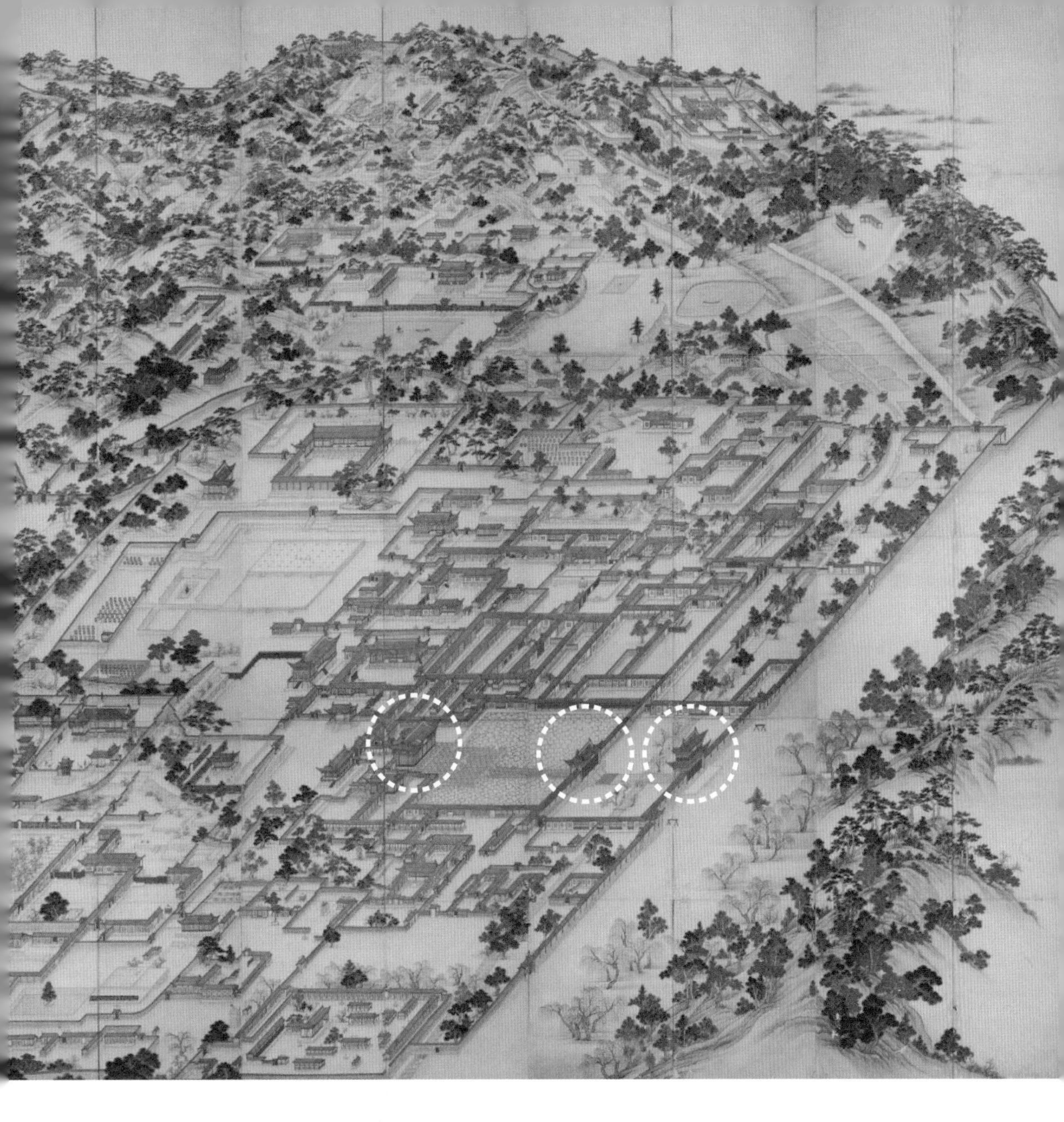

창경궁 홍화문 ⟶ 명정문 ⟶ 명정전

왕기가 서린 경희궁

임진왜란이 일어났을 때 선조는 정비인 왕비가 낳은 왕자가 없었다. 왜군이 한양을 점령하고 계속 북쪽으로 추격해오자, 임금을 대신하여 고을을 돌며 백성들을 안정시키고 군대를 모으기 위한 역할을 수행할 세자를 세우게 되는데, 후궁인 공빈 김씨의 둘째 아들인 광해군(1575~1641)이 세자로 책봉되었다. 어려서부터 총명했던 광해군은 임진왜란 때 세자의 역할을 훌륭하게 수행하였고, 1608년 열다섯 번째 임금(재위: 1608~1623)이 된 후에도 나랏일과 외교를 잘 처리했다.

하지만 광해군은 왕비가 아닌 후궁의 자식이라는 약점을 갖고 있었고, 정통을 문제 삼는 반란이 일어날지도 모른다고 생각하였다. 광해군의 불안한 심리는 임진왜란 이후 제일 먼저 중건된 창덕궁의 터가 풍수적으로 땅의 기운이 좋지 못한 곳이라는 생각으로 이어졌고, 땅의 기운이 왕성한 곳에 새 궁궐을 짓고자 하였다. 이런 상황에서 광해군은 자신의 동생인 정원군의 옛집이 임금이 될 땅의 기운이 왕성하다는 보고를 듣는다.

> 새 궁궐을 새문골(塞門洞)에 건립하는 것에 대해 의논하였다. 〔성지(性智)가 이미 인왕산 아래에 새 궁궐터를 살펴 정하고, 풍수사(術人) 김일룡(金馹龍)이 또 이궁을 새문골에 세우기를 청하였는데, 바로 정원군의 옛집이다. 임금이 그곳에 왕기(王氣)가 있음을 듣고 드디어 그 집을 빼앗아 관(官)으로 들였는데, 김일룡이 왕의 뜻에 영합하여 이 의논이 있게 되었다…
>
> —『광해군일기』 10년 6월 11일

기록에 나오는 새문골의 이궁은 경덕궁(慶德宮), 후대의 경희궁(慶熙宮)이다. 기록에는 자신의 동생이자 인조의 아버지인 정원군의 옛집에 궁궐터를 잡은 이유를 그곳이 임금이 태어날 왕기(王氣)가 있다고 알려졌기 때문이라고 나온다. 경희궁터 선정에 풍수의 원리가 적용되었음을 알 수 있다. 하지만 다른 궁궐과 마찬가지로 정전과 진입로를 어떤 원리로 만들어 나갔는지에 대한 기록은 없다. 또한 서울의 5대 궁궐 중에서 가장 원형이 유지되지 않은 경희궁은 사전 지식이 필요하다.

1907년 경희궁 서쪽에 일본 통감부 중학교가 들어선다. 한일 강제병합과 함께 경희궁이 국유지가 되자, 1914년 일제는 경성중학교를 경희궁에 세우고 궁궐 안 대부분의 건물을 철거하거나 이전했다. 경희궁의 정전이었던 숭전전(崇政殿)은 1926년 조계사에 매각되었고, 현재 동국대학교의 정각원(正覺院)으로 사용하고 있다. 경희궁의 정문이었던 흥화문(興化門)도 1932년 일본인 사찰인 박문사(博文寺)로 옮겨져 사용되었다가 1988년 현재의 위치로 이전하였다. 경희궁터에 있었던 경성중학교는 해방 후 서울중·고등학교로 이용되었다가 서울시에서 매입하여 사적 제271호로 지정된다. 하지만 2002년 서울역사박물관을 이곳에에 개관하면서 완전한 경희궁 복원은 어렵게 되었다. 다행히 경희궁의 정전인 숭정전이 있던 지역만큼은 서울역사박물관 영역에 들어가지 않아서 주변 행각과 함께 복원할 수 있었다. 아쉬움이 많지만 그나마 궁궐의 정취를 느낄 수 있게 되었다.

경희궁의 전체적인 모습은 1820년대 후반에 그린 것으로 추정되는 「서궐도안(西闕圖案)」을 통해 확인할 수 있는데, 이 그림을 보면 일반적으로 이해하기 어려운 구조를 볼 수 있다. 경희궁의 핵심은 정전인 숭정전인데, 궁궐의 가운데가 아닌 서북쪽으로 치우쳐 있다. 또한 정문인 흥화문에서 숭정전까지 이르는 진입과정도 정동쪽에서 서쪽으로 가다가 북

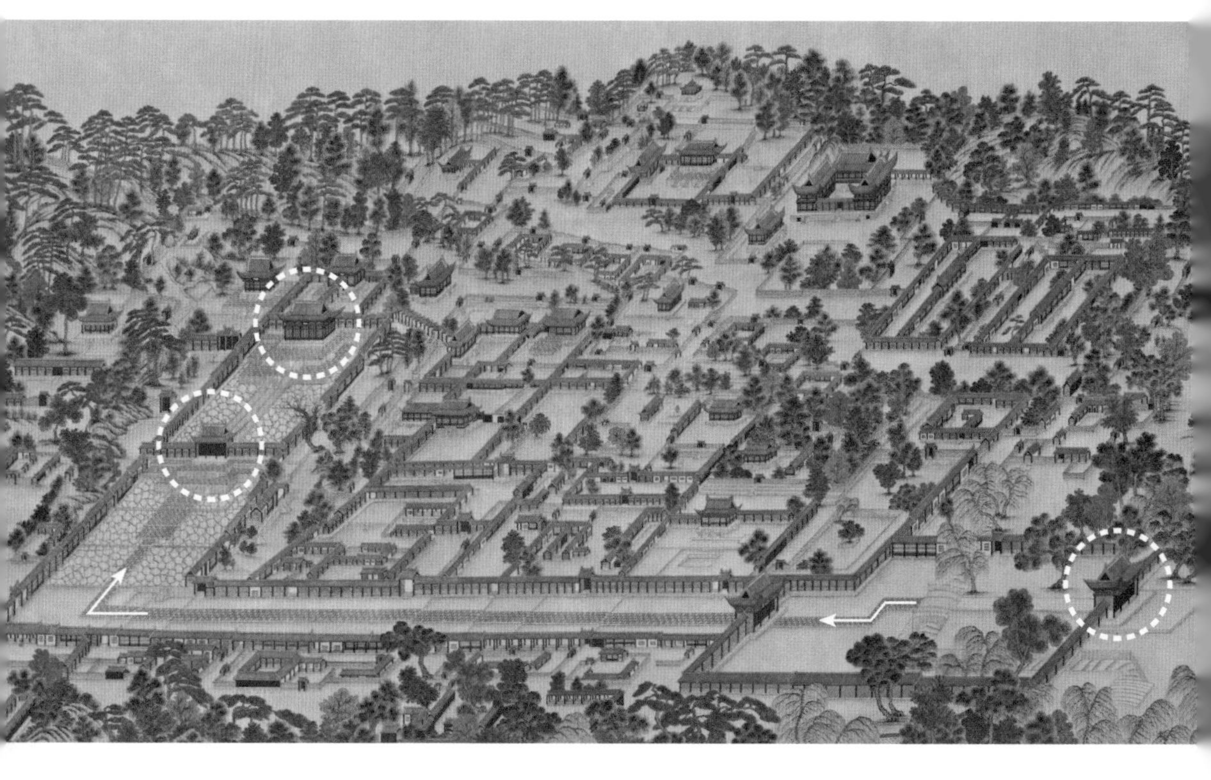

「서궐도안」 속 경희궁

「서궐도안」에서는 금천교를 지나 세 차례에 걸쳐 90°로 꺾이는데, 세 번째로 꺾이는 지점이 현재 서울시립미술관 소속 경희궁미술관이다. 「서궐도안」에서는 마치 정북 방향으로 90° 꺾인 것처럼 그려져 있지만 실제로는 서북의 45° 방향에 가깝다. 그 지점에서 숭정문 – 숭정전 방향을 정면으로 바라보면 바로 하늘 – 산(인왕산) – 경희궁(숭정문)의 3단계 풍경이 선명하게 나타난다.

흥화문 ——→ 숭정문 ——→ 숭정전

쪽으로 꺾어야 숭정전에 이르는 것으로 그려져 있다. 진입로가 왜 이렇게 만들어진 것인지 「서궐도안」만으로는 알기 어렵고, 직접 가서 살펴볼 수밖에 없다.

경희궁의 정문인 흥화문은 원래 자리에 복원하지 못했다. 원래 흥화문은 현재의 서울역사박물관 동쪽인 구세군회관 자리에 있었다. 조선시대 이곳은 서대문인 돈의문과 동대문인 흥인지문을 연결한 동서대로와 거의 평행선으로 연결되어 있었지만 지금은 약간 빗겨나 있다. 최대한 당시의 인상을 느끼기 위하여 세종대로사거리부터 북쪽 인도를 따라 흥화문터로 서서히 다가갔지만 서울역사박물관 때문에 조선시대 당시의 풍경을 느끼기 어렵다. 흥화문터에서 횡단보도를 건너면 금천교(禁川橋)가 나타나지만 바로 서울역사박물관으로 들어서기 때문에 더 이상 진로를 잡기도 어렵다.

「서궐도안」을 보면 금천교를 지나면 세 차례에 걸쳐 90°로 꺾이는데, 세 번째로 꺾이는 지점이 현재 서울시립미술관 소속 경희궁미술관이다.「서궐도안」에서는 마치 정북 방향으로 90° 꺾인 것처럼 그려져 있지만 실제로는 서북의 45° 방향에 가깝다. 그 지점에서 숭정문 – 숭정전 방향을 정면으로 바라보면 바로 하늘 – 산(인왕산) – 경희궁(숭정문)의 3단계 풍경이 나타난다. 정문인 흥화문에서 정전인 숭정전까지 직선의 통로를 만들지 않은 이유는 흥화문을 지나서 서쪽으로 향한 길이 서북 방향으로 꺾는 지점에서 3단계의 풍경을 볼 수 있도록 했기 때문이다.

이처럼 조선의 궁궐은 각기 다른 시기에 지어졌고 각각의 내력을 지니고 있지만 한결같이 3단계 풍경을 염두에 두고 위치와 진입로를 조성하고 있다. 진입로를 여러 번 꺾고, 정전의 방향을 달리하고, 궁궐 내 정전의 위치를 치우쳐 만든 것 모두 3단계 풍경을 구현하기 위한 필연적인 산물임을 보여준다.

경희궁의 3단계 풍경

경희궁 역시 창덕궁과 마찬가지로 숭정문 방향과 진입로를 조정해서 인왕산을 배경으로 하는 3단계 풍경을 구현하고 있다.

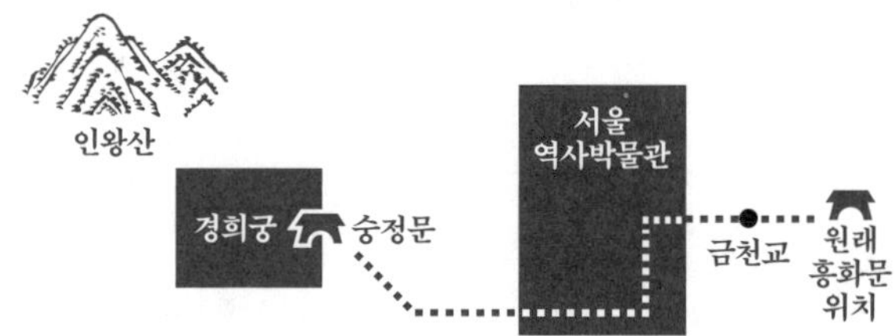

임금의 풍경을 연출하라

세종대로사거리를 따라 시청방향으로 가면서 북쪽을 바라보면 하늘－북악산·북한산－경복궁의 세 요소 중 북악산·북한산이 시각적으로 커지는 모습을 경험할 수 있다. 그런데 나머지 두 요소에 비해 산의 모습이 커지는 비율은 남쪽으로 이동할수록 기하급수적으로 높아진다. 세종대로사거리에서 서울시청까지 거리는 500m가 채 안 되지만 서울시청에서 북쪽을 바라보면 북악산·북한산은 엄청나게 크게 보이고 반대로 경복궁은 이 산들에 비교되면서 작고 왜소하게 보인다. 만약 서울시청 남쪽 800m 지점에 있는 숭례문에서 이 풍경을 직선으로 바라볼 수 있게 만들었다면 경복궁은 북악산·북한산의 거대한 이미지에 압도되어 작은 손톱 정도로밖에 보이지 않았을 것이다.

이와 같은 풍경을 인식하고 있었던 한양의 도시계획자들은 숭례문에서 경복궁까지 직선으로 연결된 간선도로를 만들지 않은 것이다. 그들은 경복궁의 터를 잡고 나서, 자신들이 원하는 하늘－북악산·북한산－경복궁의 이미지 비율이 나오는 지점을 측정했을 것이다. 그곳을 경복궁에서 남쪽을 향해 직선으로 뻗은 간선도로의 끝 지점으로 삼아 동서대로와 연결시키고, 그곳에 도착하기 전에는 하늘－북악산·북한산－경복궁의 3단계 풍경을 전혀 볼 수 없게 간선도로망을 그어나갔을 것이다. 따라서 숭례문에서 종각까지 활처럼 휘는 남북대로가 선택되었고 동서대로와 만나게 조성되었다.

서울 주변을 둘러싼 주산인 북악산, 좌청룡인 타락산, 우백호인 인왕산, 안산인 남산과 산줄기의 역할도 간선도로망과 동일한 원리로 이해할 수 있다. 사대문과 사소문에 들어선 이후에도 세종대로사거리에 도착하기 전까지 하늘 – 북악산 · 북한산 – 경복궁의 3단계 풍경을 전혀 볼 수 없게 만든 것은 극적인 시각적 체험을 강하게 하기 위해서였다. 그래야만 사대문과 사소문 밖에서 보이지 않았던 그 풍경을 극적으로 체험할 수 있었다. 이러한 목적을 효과적으로 이루기 위해서는 사대문과 사소문 밖에서도 도시의 안쪽이 보이지 않아야 하는데, 서울처럼 산과 산줄기에 의해 둘러싸인 분지 지형은 그러한 역할에 적합했다. 나는 풍수에서 가장 이상적인 명당의 지형으로 분지를 선택한 실질적 이유가 바로 이러한 시각적 체험의 극대화를 위해서라고 본다.

이렇게 본다면 시장을 경복궁의 뒤쪽에 두지 않은 이유도 설명할 수 있다. 『주례』「고공기」의 도시조영원리는 하늘이 궁궐과 수직으로 바로 연결되는 권위 표현의 인식체계를 가지고 있어 도시에서 신성한 공간은 궁궐 영역에 한정하고 있다. 따라서 도시에서 궁궐 뒤쪽은 신성한 공간과 관련이 없는 곳이다. 신분의 높낮이와 상관없이 사람들로 붐비는 시장은 후시(後市)의 원칙에 따라 도시계획에 반영되었다. 반면에 조선의 수도 한양은 하늘이 하늘산인 북악산과 연결되고, 산줄기를 타고 궁궐과 연결되는 권위 표현의 인식체계가 반영되었다. 한양에서 신성한 공간은 하늘산 → 산줄기 → 궁궐까지 연결되는 모든 영역에 걸쳐 있었다. 궁궐의 뒤쪽은 중국의 도시와 다르게 궁궐의 권위와 직결되는 신성한 공간이었기 때문에 중국의 도시조영원리에서 나타난 후시(後市)의 원칙은 고려할 여지가 없었다.

거리에 따른 북악산과 광화문 비율 변화

조선시대에 없었던 태평로에서 광화문을 바라보면 북악산에 비해 경복궁은 매우 작게 보인다. 궁궐이 초라하게 보인다는 것은 임금의 권위가 약화되는 일이다. 이 때문에 한양의 도시계획자들은 하늘 – 산 – 궁이라는 세 가지 요소의 적절한 비율을 유지하기 위해 숭례문에서 경복궁까지 직선도로를 만들지 않았다.

門化光

우리는 지금까지 풍경을 관람자의 입장에서만 바라봤다. 하지만 풍경 역시 다른 대상처럼 생산자와 수용자의 관점에서 바라볼 필요가 있다. 생산자로서 한양의 설계자들이 보여주고자 했던 풍경은 권위의 풍경이었다. 이들에게 한양의 설계는 새로운 왕조, 새로운 이념, 새로운 통치질서를 시각화하는 작업이었다. 이를 통해 수용자인 백성에게 확고부동한 지배자의 권위를 보여주고자 한 것이다.

그렇다면 이들이 보여주고자 한 권위의 실체는 무엇일까? 앞에서 권력은 권위를 필요로 한다고 말했다. 아무리 강한 권력도 권위가 지속적으로 유지되지 못하면 오래가지 못한다. 전국시대를 마감하고 중국을 통일한 진시황은 그 누구보다 강한 권력을 지녔지만 권위를 유지하지 못했고, 결국 진왕조는 단명하고 만다. 이처럼 권력과 권위는 비례하지 않는다. 권력이 지배자의 입장에서 본 능동적 힘이라면 권위는 피지배자의 입장에서 바라보는 힘의 크기라고 할 수 있다. 지배자는 피지배자에게 지배의 명분을 준다. 폭력에 의한 지배가 아닌 자발적 복종의 기회를 주는 것이다. 피지배자들이 현실을 합리적으로 인정하고 지배의 논리를 스스로 내면화시키도록 하는 것이다. 권위가 만들어지면 더 이상 권력은 강할 필요가 없다. 지배자의 논리를 피지배자가 습득하기 때문이다. 따라서 권위의 형성은 지배자가 피지배자를 상대로 벌이는 고도의 정치기술이다.

일반적으로 중요한 권위를 만들기 위해 동원되는 대표적인 것은 종교이고, 사상이다. 로마 황제는 크리스트교를 받아들였고, 조선은 엄격한 유교적 세계관을 앞세웠다. 하지만 종교와 사상도 권위를 만들어내는 수많은 요소 중 하나일 뿐이다. 따라서 권위를 만들어내는 다양한 작업이 시도되는데, 도시설계에서도 권위체계를 만들기 위한 작업이 적용되었다.

그 결과, 지배자와 건축물이 동일하게 인식되게끔 설계되었다. 시각적으로 압도하는 권위의 풍경은 조금씩 외양이 다르더라도 전세계에서 나타나는 공통 풍경이다. 피라미드에서 마천루까지 고금의 거대 건축물은 권위를 생성하는 효과적인 시각도구였다. 먼 옛날의 원시부족이든 현대의 국민국가이든 또는 영국에서든 대한민국에서든 동일하게 나타나는 보편적 특성이다. 지배와 피지배의 원리는 계급사회의 공통이기 때문이다. 서울에서 볼 수 있는 궁궐의 풍경 역시 이러한 보편성을 띤 권위의 풍경이다.

지금까지 권력에서 권위로, 권위에서 장소로, 장소에서 다시 풍경으로 이어지는 보편적 원리에 대해 살펴보았다. 보편적 풍경에 대한 이야기는 여기에서 일단락 짓고, 다음 장부터는 본격적으로 이 책의 주제인 우리 풍경, 우리가 너무나 흔하게 봐서 특별함을 인지조차 못하는 특수한 풍경을 살펴보려 한다. 이제 보편적 현상 안에서 한국의 풍경만이 가지는 특수성을 알아볼 차례이다. 과연 한국의 풍경은 무엇이 다를까?

3

우리 전통건축물은 왜 작을까?

본론으로 들어가기 앞서, 보편성과 특수성이라는 개념에 대해 먼저 짚고 넘어가야 할 듯하다.가장 중요한 것은 특수성이 보편성과 대립되는 것이 아니라는 것이다. 즉, 특수성은 보편성이라는 큰 범주 안에서 다름을 말할 때 사용하는 개념이다. 인류라는 보편성 안에서 개인 간의 특수성이 있는 것처럼 말이다. 이처럼 권위의 풍경을 만들고자 하는 목적(보편성)은 동일하지만 그 방법(특수성)은 각기 다를 수 있다. 이제부터 아주 개성적인 방법으로 풍경을 만들어낸 서울의 풍경을 확인해보자.

근정전의 앞뜰 (앞 페이지)
근정전의 아름다운 자태도 유심히 살펴봐야 하지만 아무것도 없는 앞뜰에도 관심을 기울일 필요가 있다. 앞뜰의 규모에 따라 근정전의 크기와 느낌이 달라지기 때문에 너무 넓어서도 좁아서도 안 된다. 근정전의 크기에 비례해서 앞뜰도 조성되었다. 거대한 북악산이 근정전과 일치되어 근정전 뒤로 숨어들어 간 것처럼 보이는 것을 놓쳐서는 안 된다.

위치가 바뀌면 풍경이 바뀐다

한양의 설계자들이 주작대로를 만들지 않으면서까지 시야를 통제하려 한 이유는 보는 위치에 따라 풍경이 바뀌기 때문이다.

세종대로사거리에서 광화문광장을 따라 북쪽으로 걸어가면 그렇게도 커보였던 북악산·북한산은 작아지고 광화문은 점점 커진다. 광장 북쪽 끝에 서면 북악산·북한산은 시야에서 완전히 사라져 광화문만 한눈 가득 들어온다. 하지만 광화문으로 곧장 들어설 수는 없다. 광장에서 광화문으로 바로 건너는 횡단보도가 없기 때문이다. 세종대로 또는 율곡로에 있는 횡단보도로 우회하여 두 번을 건너가야만 비로소 광화문 앞에 서게 된다. 광화문을 지나서 정면을 바라보며 홍례문을 지나고, 금천 위의 영제교를 건너서 근정문에 들어서면 파란 하늘 높이 우뚝 솟은 근정전이 나타난다. 갑작스럽게 근정전을 마주하니 그 모습이 더욱 크고 웅장해 보인다. 이처럼 근정전은 멀리서부터 보이는 게 아니라 광화문–홍례문–근정문을 차례로 통과해야만 볼 수 있다.

근정전을 웅장하게 보이도록 하는 장치는 더 있다. 광화문–홍례문, 홍례문–근정문, 근정전 모두 사방이 막힌 회랑(回廊) 구조로 되어 있다. 이는 양옆으로 시선을 분산시키지 않고 정면의 건축물에 집중하게 하는 방법이다. 뿐만 아니라 근정전 앞뜰도 근정전의 크기와 높이를 고려해 조성되었다. 앞뜰이 지금보다 더 넓었다면 근정전이 상대적으로 초라하게 느껴졌을 것이다.

이 세 가지 방법은 경복궁뿐 아니라 창덕궁·창경궁·경희궁 등의 궁궐과 종묘, 지방의 동헌·향교·서원·절 등에서도 건축물을 시각적으로 극대화하기 위해 일반적으로 사용되었다. 이러한 조성방식은 우리나라뿐만 아니라 북경의 자금성을 비롯한 중국의 다른 궁궐과 권위건축물(권위를 상징적으로 보여주어야 하는 건축물), 종교시설에서도 일반적으로 나타난다. 중국 이외의 다른 문명권에서도 이런 방식이 적용된 건축물을 쉽게 찾아볼 수 있다.

그런데 우리 건축물이 다른 나라 건축물과 비교했을 때 분명히 다른 점이 있다. 우리 건축물도 크고 웅장하게 보이기 위한 것은 분명한데 건축물 자체의 크기만을 봤을 때는 크고 웅장하게 짓지 않았다. 1910년 이전에 지어져 현재까지 남아 있는 조선시대 건축물 중 가장 높은 것은 1605년에 재건된 속리산 법주사 팔상전(국보 제55호)으로 기단과 5층 목조건물, 상륜부까지 모두 합한 높이가 22.7m이다.

법주사 팔상전에서 상륜부를 제외하면 1867년에 재건된 국보 제223

호 경복궁의 근정전이 가장 높다. 축대인 2단의 월대와 2층 모양의 목조 건축물을 포함한 근정전의 총 높이는 약 22m, 폭은 약 30m다. 이와 같은 사실은 조선에서는 한양이, 한양에서는 경복궁이, 경복궁에서는 근정전이 권위의 정점이라는 점에 입각해볼 때 충분히 이해할 만한 현상이다. 일반적으로, 높고 크며 웅장할수록 더 권위 있게 보이기 때문이다. 하지만 다른 나라의 건축물과 비교해보면 이야기가 달라진다.

속리산 법주사 팔상전
5층 목조건물인 법주사의 팔상전은 상륜부의 높이까지 22.7m로 조선시대 가장 높은 건축물이다.

외국의 건축물은 왜 이리 거대한 걸까?

해외여행이 보편화되면서 과거에는 사진으로만 볼 수 있었던 외국을 직접 체험할 수 있는 시대가 되었다. 그런데 해외여행을 갔다오면 불편한 진실 하나를 알게 된다. 외국 어디를 가든 우리나라의 건축물과는 비교할 수 없을 정도로 거대한 건축물들이 존재한다는 사실이다. 그 거대한 위용에 감탄을 하면서도 마음 한편에서는 근대화 이후 한국인의 마음속에 잠들어 있던 서구에 대한 콤플렉스까지 덩달아 들썩거린다.

수치로 봐도 외국 건축물의 거대함을 잘 알 수 있다. 명나라와 청나라 수도였던 북경의 자금성 태화전은 목조건축물의 높이가 약 37m이며, 폭은 약 64m이다. 여기에 근정전 2단 월대보다 훨씬 높은 3단의 월대를 포함하면 높이와 폭 모두 근정전의 두 배 이상이다. 12m 이상의 성벽과 연결된 33.7m 높이의 천안문을 시작으로 단문－오문－태화문을 차례로 들어서면 나타나는 태화전의 모습은 근정전보다 두 배 이상으로 느껴질 정도로 훨씬 더 크고 웅장하다. 두 궁의 정전인 태화전과 근정전뿐 아니라 지방의 관아, 사찰과 탑, 유교 사원 등 우리나라와 중국에 남아 있는 모든 종류의 전통 건축물에서도 규모의 차이가 크다. 중국에는 우리나라에서 볼 수 없는 40~80m 사이의 목탑이나 전탑(벽돌탑)이 흔하다.

혹자는 중국과 우리나라 건축물의 규모 차이를 중국은 크고 우리나라는 작으니 당연한 거라 여길지도 모르겠다. 또는 큰 나라인 명나라와 청나라를 섬긴 사대주의(事大主義) 때문에 큰 건축물을 지을 수 없었다고 설명할지도 모른다. 하지만 중화권에 속했던 다른 나라들의 건축물을 보면 과연 이런 설명이 타당한지 의구심이 든다.

일본의 전국시대(15세기 중반~16세기 후반)를 종식시킨 최고 실력자 도요토미 히데요시(1536~1598)가 만들어 궁궐로 삼았던 오사카성의 천수각의 높이는 축대를 포함하여 약 50m에 달한다. 게다가 평지에 솟아난 구릉 위에 세워진 오사카성의 천수각은 성 밖에서 보면 더욱 높고 웅장하게 보인다. 세계문화유산인 히메지성을 비롯하여 일본 에도시대의 번주(藩主)가 살았던 성에는 대부분 천수각이 있는데, 오사카성과 마찬가지로 낮은 산이나 언덕의 가장 높은 곳에 위치해 있다.

일본의 건축물 중에서 근정전보다 높은 것은 이뿐만이 아니다. 에도시대에 재건되어 목조건축물로는 세계에서 가장 높다는 47.5m의 나라현의 동대사 대웅전을 비롯하여 교토의 서본원사와 동본원사 등 일본에서 근정전보다 높고 웅장한 사찰건축물을 찾는 것은 어렵지 않다. 교토－나라 지역에는 우리나라에서 찾아볼 수 없는 높이 30~40m의 목탑도 꽤 많다. 이런 건축물을 본 우리나라 사람들은 일본이 중국과 마찬가지로 우리나라보

①

②

다 크기 때문에 건축물도 높게 만든 것이라고 생각한다.

12세기 초에 세워진 캄보디아의 앙코르와트 사원의 중앙탑은 높이가 65m에 이른다. 태국의 톤부리 시대(1767~1782)에 만들어졌다는 왓아룬사원(새벽사원)의 중앙탑의 높이는 79m이며, 1400년대에 증축된 미얀마 쉐다곤파고다의 현재 높이는 98m에 달한다. 8~9세기경에 세워진 인도네시아 족자카르타의 쁘람바난 힌두사원의 시바신전은 높이가 47m이다. 이 건물들은 모두 높이뿐만 아니라 규모에서도 근정전을 압도한다. 이처럼 캄보디아, 태국, 미얀마, 인도네시아를 비롯하여 아시아의 불교 및 힌두교 관련 건축물에서 근정전보다 높고 웅장한 건축물을 찾는 것 역시 어렵지 않다.

그중에서도 특히 현재 중국 티베트 자치구에 속해 있는 라싸의 포탈라궁은 대부분 1645년에서 1693년 사이에 만들어졌는데, 궁전의 높이가 약 117m, 폭 360m, 총면적 10만m²의 거대한 규모를 자랑한다. 낮은 야산 위에 포탈라궁이 세워졌다는 점을 고려하더라도 근정전에 비교했을 때 높이와 규모면에서 상대가 되지 않는다.

기독교권인 유럽에서도 몇 가지 사례를 살펴보도록 하자. 1506~1626년 사이에 완성된 바티칸시티의 성베드로 성당의 총 높이는 132.5m이다. 1666년의 화재로 타버린 후 1710년까지 재건한 영국 런던의 세인트 폴 대성당의 높이는 110m이다. 성베드로 성당은 유럽 카톨릭의 본산이고, 세인트 폴 대성당의 경우는 영국이 당시 강대국이었기 때문에 이렇게 거대한 규모의 성당을 세울 수 있

① 자금성 태화전과 ② 오사카성 천수각

자금성의 정전인 태화전은 3단 월대 때문에 시각적으로 경복궁 근정전보다 훨씬 거대하게 다가온다. 오사카성의 천수각 역시 높은 축대 위에 지어져 우뚝 솟아 있는 것처럼 느껴진다. 이처럼 축대나 언덕 위을 이용해 건축물을 더욱 높게 느껴지게 만드는 것이 일반적이었다.

①

②

③

④

⑤

세계의 거대건축물

① 태국의 왓아룬 사원, ② 티베트의 포탈라궁, ③ 이탈리아의 밀라노 대성당, ④ 인도의 타지마할, ⑤ 이집트의 피라미드. 아름다운 세계의 거대건축물의 감상은 잠시 뒤로 하고 그 너머를 살펴보자. 공통적으로 주변에 다른 높은 자연물 혹은 인공물이 없다. 우리에게 익숙한 건물 너머 우뚝 솟은 산이 있는 풍경은 세계적으로 보면 결코 보편적인 풍경이 아니다.

었다고 말할 수도 있다. 하지만 성베드로 성당과 세인트 폴 대성당은 결코 예외적인 성당이 아니었다. 중세시대의 작은 도시국가에서도 그에 비견되는 건축물을 많이 세웠고 지금도 쉽게 찾을 수 있다.

1386~1577년에 걸쳐 축성된 이탈리아 북부의 도시국가 밀라노 대성당 첨탑의 높이는 108m이다. 1296년에 시작하여 1463년에 완성한 이탈리아 북부의 도시국가 피렌체 대성당의 돔과 랜턴은 114.5m에 달한다. 이 성당들보다 낮다고 하더라도 근정전보다 훨씬 높고 웅장한 성당은 나라의 크기와 상관없이 유럽 곳곳에 산재해 있다. 게다가 근정전보다 높은 전통건축물이 나라마다 하나씩만 있었던 것도 아니다. 중세시대로 거슬러 올라가도 오래된 거점 도시 대부분에서 근정전보다 높고 웅장한 건축물을 쉽게 발견할 수 있다.

마지막으로 이슬람권 지역에서도 경복궁 근정전과 비교해 훨씬 규모가 큰 건축물을 확인할 수 있다. 원래는 동로마제국의 성당으로 지어졌다가 1653년 오스만제국에게 정복당한 후 이슬람사원으로 기능했던 이스탄불의 성 소피아 성당의 돔 높이는 56m이다.인도의 무굴제국 샤자한 황제가 22년 동안의 공사 끝에 1653년에 완성한 왕비 무덤인 타지마할은 중앙 돔의 높이가 65m에 달한다.

이 정도 사례만 살펴보아도 근정전을 비롯해 현전하는 우리나라 전통건축물이 다른 문명권의 전통건축물에 비해 상대적으로 작고 웅장하지 않은 이유가 나라의 크기나 국력, 사대주의의 논리로 설명할 수 없음을 알 수 있다. 국력에 원인을 돌리기에는 현존하는 우리의 전통건축물은 분명 이상하리만치 작아보인다.

그런데 우리를 더 헷갈리게 만드는 것은 과거에는 한반도에 거대한 건축물이 많았다는 사실이다.

하늘을 찌를 듯한 삼국시대의 탑들

551년 신라는 백제와 동맹을 맺어 한강 상류유역을 차지하였고, 553년에는 백제가 차지하고 있던 한강 하류 유역까지 손에 넣었다. 당나라와 연합하여 660년에 백제를, 668년에는 고구려마저 멸망시킨 후 삼국을 통일한다. 이후 당나라와의 전쟁을 승리로 이끌어 영토를 대동강과 원산만 부근까지 영토를 넓혔다. 그러나 영토만 봤을 때, 신라는 압록강-두만강 유역까지 영토를 갖고 있던 조선에 비하면 더 작은 나라였다. 그런데 흥미로운 점은 신라의 건축물이 규모면에서 조선보다 비교할 수 없을 정도로 크다는 사실이다.

643년(선덕여왕 12) 당나라에서 유학을 마치고 돌아온 승려 자장(慈藏)의 요청으로 645년에 황룡사 9층 목탑이 세워진다. 안타깝게도 현재는 한 변의 길이가 22.2m인 탑의 기단 터와 초석 64개만 남아 있다. 『삼국유사』에는 황룡사 9층 목탑의 높이가 철반(鐵盤) 위 42자, 아래 183자, 총 225자라고 기록되어 있다. 이를 1자=35.2cm인 고려의 자(尺)단위로 계산하면 높이가 79.2m라는 결론이 나오는데, 이 높이는 조선시대 세워진 어떤 건축물보다 높을 뿐만 아니라 세계적으로 봤을 때도 높은 축에 해당된다.

황룡사 복원도

황룡사 9층 목탑은 낮게 잡은 추정치조차 80m에 가까워서 23m를 넘지 못했던 조선시대 어떤 건축물과 비교해도 압도적인 높이를 자랑한다. 하지만 고려시대 몽고의 침입으로 소실되어서 실제 모습이 어땠는지 알 수 없다. 마찬가지로 남아 있지 않지만 삼국시대에는 높은 목탑들이 많이 건축되었다.

◔
최근에는 당나라의 1자=29.8cm로 계산하여 높이가 67m라는 주장도 제기되고 있는데, 이 경우에도 조선시대 세워진 어떤 건축물보다 높다.

황룡사 9층 목탑만 특별히 높았다면 예외적인 경우로 생각할 수 있다. 하지만 그렇지 않다. 679년 당나라의 침략을 물리치기 위해 만들었다는 전설을 가진 사천왕사터에는 2개의 목탑터가 남아 있고, 당나라 사신들이 사천왕사를 보지 못하게 하려고 685년에 사천왕사 바로 남쪽에 지었다는 망덕사 옛터에도 2개의 목탑터가 남아 있다. 이외에도 경주에는 건축 연대를 알 수 없는 보문동사지에 2개, 기림사에 1개, 황룡사지 동쪽의 구황동에 1개 등 여러 목탑터가 전해지고 있다. 이들 목탑터의 기단 크기로 볼 때 황룡사 9층 목탑보다는 높이가 낮지만 일본의 목탑 사례를 통해 볼 때 모두 최소 30m 이상 되는 거탑들이었을 것으로 추정된다. 지금까지 남아 있는 목탑터만 살펴보아도 신라의 수도 경주에는 근정전보다 더 높은 탑이 9개가 있었고, 세월의 흐름 속에서 사라진 것도 꽤 있었을 가능성을 고려하면 근정전보다 높은 건축물들이 더 있었을 것이라 추측할 수 있다.

그런데 근정전보다 높았던 탑이 목탑만 있었던 것이 아니다. 분황사 모전석탑은 현재 남아 있는 3층까지의 높이가 9.3m이다. 석탑의 원래 층수를 놓고 9층설과 7층설이 대립하고 있는데, 각각의 경우 높이가 48.5m와 41.6m로 추정된다. 어느 것이 맞든 근정전보다 훨씬 더 높은 탑이었다는 점은 변함이 없다.

복원된 미륵사지 석탑
미륵사지는 목탑을 중앙에 두고 두 개의 석탑이 양옆에 세워졌다. 복원된 석탑의 높이는 27.7m이다. 중앙에 있었던 목탑은 50m에 가까웠을 것으로 추정된다. 미륵사는 황룡사와 같은 시기 세워졌는데 미륵사 목탑을 세웠던 백제의 기술자가 황룡사 9층목탑에도 참여하였을 것이다.

비단 신라에만 높은 탑이 있었던 것은 아니다. 백제의 탑으로는 현재 2개가 전해지는데, 약 8.3m 높이의 부여 정림사지 5층 석탑과 약 14.2m 높이의 미륵사지 석탑이다. 미륵사지 발굴 결과 원래 두 개의 석탑과 1개의 목탑으로 이루어진 것이 밝혀졌다. 이 중 동쪽 석탑은 약 27.7m로 복원되었다. 두 석탑 사이에 있던 목탑은 석탑보다 1.5배 이상 높아 50m 안팎이었을 것으로 판단된다. 538년부터 660년까지 백제의 마지막 수도였던 부여에는 군수리사지, 금강사지, 능산리사지, 왕흥사지 등에 목탑터가 여럿 전해지고 있는데, 이 중 능산리사지 5층 목탑은 높이 37.5m로 복원되었다. 이처럼 지금까지 전해지거나 발굴된 것만 살펴보아도 신라와 마찬가지로 백제 역시 거대한 건축물을 만들었음을 알 수 있다.

고구려는 어땠을까? 고구려의 영토 대부분은 현재 중국의 만주와 북한에 속해 있기 때문에 신라, 백제보다 발굴 성과를 확인하기가 쉽지 않다. 평양의 청암리사지, 정릉사지 등에서 목탑터가 발견된 것으로 알려졌는데, 이 중 청암리사지의 경우 기단 한 변이 약 10m인 8각형의 목탑터였다. 북한은 이를 근거로 61.25m의 8각 7층 목탑으로 복원모형을 만들었다.

이와 같은 사례들을 통해 볼 때 통일신라시대 이전까지만 해도 한반도에는 높고 큰 건축물이 많았다. 삼국시대가 조선보다 영토나 국력면에서 차이가 없거나 더 떨어진다는 걸 생각했을 때 조선 건축물의 규모가 작다는 사실은 더욱 미스터리로 다가온다. 간혹 산이 많은 한반도의 지형이 한국 전통건축물이 소형화된 원인이라는 주장이 있는데, 조선과 삼국시대·통일신라시대 모두 한반도라는 동일한 지역에 위치해 있다는 점에서 이런 일부 주장은 타당성이 떨어진다.

권위를 시각화하는 또 다른 방법

왜 세계 곳곳에서는 거대한 건축물이 지어졌던 걸까?

크고 웅장한 건축물을 짓는 것이 지배자의 권위를 시각화하는 가장 보편적인 방법이기 때문이다. 우리는 흔히 피라미드나 자금성 같은 거대한 건축물을 보고 '압도된다'는 표현을 사용하는데, 이는 자연스러운 감정이자 건축자의 목적과 정확하게 부합되는 반응이기도 하다. 지배자는 시야를 압도하는 건축물을 통해 자신의 권위를 관람자에게 전달하고자 하는 것이다.

인간세계를 통치하는 왕이나 정신적 질서의 대변자인 종교 지도자는 하늘과 교감을 이룬다고 인정받을 때 그 권위가 확고해진다. 이는 역사 이래 세계 모든 문명권에서 인류 공통으로 나타나는 보편적 믿음이고, 이 믿음을 건축적으로 표현한 것이 바로 하늘과 맞닿을 것처럼 높고 웅장한 건축물을 축조하는 것이다. 하늘까지 닿고자 했다는 바벨탑의 전설이야 말로 이런 인류의 믿음과 바람이 잘 투영된 이야기이다. 이처럼 거대한 건축물을 세우는 것이 인류 문명의 보편적 현상이라고 본다면, 우리 선조라고 해서 건축물을 통해 권위를 표현해야 하는 문제의식이 달랐을 리 없다. 우리 선조 역시 지배층과 피지배층이 나뉘는 계급사회의 보편성을 공유하고 있기 때문이다. 앞에서 확인한 것처럼 삼국시대에 세워진 거대한 건축물들의 흔적은 우리 선조가 권위를 시각화하기 위해 세계의 다른 문명들과 동일한 방식으로 해답을 추구했음을 잘 보여준다.

그런데 언제부터인가 커다란 건축물들이 자취를 감추기 시작했다. 통일신라 이후 어느 순간부터 한반도에는 거대 건축물을 지으려는 시도 자체가 사라진 것이다. 삼국시대에 이미 거대한 탑을 쌓아올렸던 한반도에서 왜 점차 건축물이 작아진 것일까? 국력이 쇠퇴해서일까? 그럴 리 없다. 통일신라 이후 영토는 꾸준히 넓어졌고 고려, 조선으로 이어진 통일왕국을 유지했다. 인구 역시 꾸준히 늘어난 것으로 추정된다. 즉, 신라에서도 지었던 거대한 건축물을 지을 수 있는 국력은 통일신라 후기와 고려, 조선 모두 충분했다.

그렇다면 우리 선조, 정확히 말해 한반도의 지배층은 권위를 시각화하려는 시도를 포기한 것일까? 물론 그렇지 않다. 앞에서 살펴본 것처럼 서울의 설계자들 역시 권위를 시각화하는 것을 결코 포기하지 않았다. 다만 기존의 거대한 크기라는 보편적인 권위 구현 방식과는 다른 해답을 내놓았을 뿐이다.

세종대로사거리에서 북쪽으로 바라보았을 때 보이는 하늘-산-궁궐의 3단계 풍경은 세계 다른 곳에서는 찾아볼 수 없다. 이 독특한 풍경은 궁궐의 뒤쪽 근처에 높은 산이 있어야 가능한데, 다른 나라에서는 이런 장소에 궁을 두는 것을 금기시했기 때문이다.

첫째, 궁궐은 적의 군사 공격을 받았을 때 최후 방어처가 되기 때문에 일반적으로 방어력이 높도록 짓는다. 성 밖의 적이 성을 공격하는 방법 중의 하나는 성벽보다 더 높은 인위적인 지형이나 기구를 만들어 한쪽을 집중 공격하여 무너뜨리는 것이다. 공성전은 밖이 안보다 강할 때 이루어지는 것으로 동서남북 중 어느 한쪽만 무너져도 승패는 결정된 것이나 마찬가지이다. 그런데 경복궁처럼 궁궐 바로 가까이에 높은 산이나 언덕이 있으면 적 입장에서 공격하기에 매우 유리해진다. 직접 성벽을 공격하기에 멀더라도 높은 곳에 올라 성 안쪽의 상황을 모두 관찰하면서 공격할 수 있기 때문이다.

둘째, 궁궐은 최고 통치자인 임금이 사는 신성한 공간으로, 신하와 백성들에게 신성함을 더욱 강력하게 느끼게 하기 위해 궁궐 밖에서 안쪽을 볼 수 없게 하는 신비 전략을 사용하는 것이 일반적이다. 그런데 경복궁의 경우 주산인 북악산, 우백호인 인왕산, 안산인 남산 등 높은 산이 가까이에 있어 산 정상이 아닌 중턱만 올라가도 경복궁의 안쪽이 훤히 보인다. 북악산에서 경복궁 동쪽으로 뻗어 내린 현재의 북촌 언덕은 별로 높지 않음에도 경복궁 안쪽의 상당 부분이 보이는데, 경복궁 담장과 직선거리로 불과 100m 정도밖에 떨어져 있지 않다.

이와 같은 문제점을 없애기 위해 다른 도시에서는 다음 중 하나를 선택했다. 티베트 포탈라궁처럼 낮은 산이나 언덕 위에 궁궐을 만들거나 중국 자금성처럼 산이나 언덕이 없는 넓은 평야에 궁궐을 만드는 것이다.

그런데 조선의 수도 한양은 세계의 다른 수도에서 일반적이던 방어처

인왕산에서 본 경복궁

인왕산 기슭에 위치한 배화여자대학교에서 내려다본 서울 시내 전경이다. 지금은 고층건물에 가려져 있어 상단부만 보이지만 과거에는 경복궁 전체와 내부까지 볼 수 있었을 것이다. 그런데 경복궁처럼 다른 곳에서 궁궐 안을 조망할 수 있다는 것은 보편적인 모습이 아니다. 임금의 권위를 손상시킬 뿐 아니라 경비 등 안전상 문제까지 있다. 이처럼 궁궐을 내려다볼 수 있는 장소가 궁궐 가까이에 존재한다는 것은 여러 모로 일반적인 경우라고 할 수 없다.

근정전

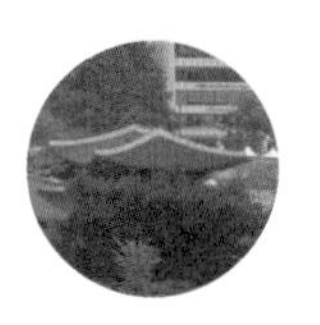
광화문

로서의 장점과 신성한 공간으로서의 신비 전략을 포기하고 산 아래에 궁궐을 만들었다. 그 결과, 한양은 바로 뒤에 높은 산이 위치해 있는, 우리에겐 너무나 당연하지만 세계적으로는 매우 독특한 입지 위에 건설되었다.

이를 이해하기 위해서는 산이라는 존재가 우리에게는 친숙하지만 세계적으로 봤을 때 굉장히 예외적이라는 사실을 깨닫을 필요가 있다. 한걸음 더 나아가 건축물 그 자체에만 시각을 고정시키는 일반적인 관점을 탈피해야 한다. 그래야만 눈앞에 펼쳐진 하늘 – 북악산 · 북한산 – 경복궁의 3단계 풍경에서 표현된 권위를 발견할 수 있기 때문이다.

서울만의 독특한 풍경과 입지는 산의 존재를 이해해야만 가능하다. 세종대로사거리에서 바라보이는 하늘 – 북악산 · 북한산 – 경복궁의 3단계 풍경의 핵심은 경복궁이 아니라 산인 것이다. 다른 문명권에서 거대한 건축물의 역할을 서울에서는 북악산 · 북한산이 하는 것이다. 따라서 권위를 표현하는 중심은 경복궁 너머의 북한산 · 북악산이고, 건축물인 경복궁의 규모는 그 자체가 별개의 시각대상이 아니라 북한산 · 북악산과 얼마나 일치감을 줄 수 있는지의 관점에서 결정된다. 그 결과 경복궁에서 가장 높고 큰 근정전조차도 다른 문명권의 전통건축물에 비하여 작은 규모로 만들어진 것이다.

건축물이 아닌 산을 이용한 권위의 표현 방법은 경복궁에만 적용된 것이 아니다. 하늘 – 산 – 건축물의 3단계 풍경이라는 동일한 방식을 통해 종묘 · 사직 · 성균관과 창덕궁 · 창경궁 · 경희궁에도, 나아가 지방 고을의 관아 · 향교, 사찰과 서원 등에도 그대로 적용되었다. 그래서 조선에서는 높고 웅장한 건축물이 존재하지 않는 것이다. 이런 3단계 풍경을 당연하게 받아들이는 문화는 건축물의 규모라는 측면에서 세계적으로 유래를 찾아볼 수 없는 건축 현상을 만들어냈다.

경복궁 뒤쪽에 솟아 있는 하늘산인 북악산의 해발 높이는 342m이다.

전 세계에서 인간이 만든 가장 높고 웅장한 전통건축물로 알려진 이집트 기자에 있는 쿠푸 왕의 피라미드는 높이가 약 146m이다. 만약 쿠푸 파라오의 피라미드가 약 2.5배 크기의 북악산 인근에 건설되었다면 어떻게 느껴졌을까? 피라미드 자체의 거대한 규모에도 불구하고 인간의 눈은 상대적이기 때문에 지금처럼 압도적으로 보이지 않을 것이다. 피라미드뿐만이 아니다. 해외여행에서 본 궁이나 성당, 사원 같은 거대건축물 너머에 무엇이 있었는지 떠올려보자. 아마도 생각이 안 날 것이다. 안 나는 것이 당연하다. 아무것도 없기 때문이다. 경복궁처럼 거대한 산을 뒷배경으로 두고 있는 권위건축물은 전 세계를 찾아봐도 존재하지 않는다.

하늘–산–건축물의 3단계 풍경으로 완성되는 권위의 표현은 규모뿐만 아니라 화려함에도 영향을 미친다. 동서고금을 막론하고 권위를 상징하는 건축물은 웅장하면서도 화려하다. 경복궁의 근정전 역시 조선의 다른 건축물과 비교하면 상대적으로 화려하다. 그럼에도 앞에서 소개했던 세계의 궁궐이나 사원 등을 비교했을 때 근정전은 화려하다고 할 수 없다. 대조적으로 세종대로사거리에서 눈에 들어오는 북악산·북한산의 모습은 우뚝 솟은 산세와 흰색의 거대한 화강암, 녹음이 어우러져 화려한 자태를 자랑한다. 만약 화려하게 꾸민 건축물을 이 풍경과 겹쳐 보이게 한다면 건축물은 화려하지 조화롭지도 않았을 것이다. 경복궁을 만든 사람들은 이와 같은 원리를 잘 알고 있었기 때문에 권위와 관련된 화려함을 건축 자체에 구현하기보다 북악산·북한산의 자연풍경으로 대신한 것이다. 이렇게 건축물을 상대적으로 단순화한 것은 경복궁의 근정전에서만이 아니라 하늘–산–건축물의 3단계 풍경 조성을 통해 권위를 표현하려 했던 조선의 모든 건축물에서 나타나는 일반적인 경향이었다.

4

한국 풍경의 기원을 찾아서

종묘 정전

종묘는 유교사회였던 조선을 상징하는 건축물이다. 유교에서 조상에 대한 제사만큼 중요한 의식은 없었다. 이성계가 조선을 건국하고 가장 먼저한 일 역시 종묘를 짓는 일이었다. 그래서 역대 왕과 왕비들의 신주를 모신 종묘는 조선에서 가장 중요한 장소로 여겨졌다. 신주가 늘어남에 따라 계속 증축하였고, 그 결과 지금처럼 옆으로 길다란 모습이 되었다.

한양의 설계자들은 왜 하늘－산－궁궐의 3단계 풍경을 연출하고자 했을까? 단순히 심미적인 목적으로 만들었다고 하기에는 2, 3장에서 확인한 것처럼 풍경을 위해 희생된 것이 너무 많다. 도시구조, 건축물의 크기 등 수많은 요소가 이 3단계 풍경을 위해 조절되었기 때문이다. 따라서 단순히 심미적 목적만 있었다면 산재한 현실적 단점들을 극복할 수 없었을 것이다. 단적으로 3단계 풍경이라는 시각적 효과를 위해 왕조의 명운이 걸려 있는 방어적 이점을 포기했을 리는 없을 테니 말이다.

하지만 반대로 3단계 풍경을 일관된 흐름의 연장선상에 자리한 결과물이라고 가정해보면 설득력 있는 원리가 숨어 있음을 알 수 있다. 즉, 3단계 풍경은 단순한 풍경 이상의 의미를 지니고 있으며, 그 안에는 한양의 설계자들이 말하고자 했던 숨겨진 무언가가 있다.

서울 풍경은 유교 때문에 생긴 것일까?

수많은 현실적 난관을 감수하면서 만들어낸 3단계 풍경에 숨겨진 원리는 무엇일까? 가장 먼저 떠오르는 답은 유교이다. 전문가뿐 아니라 대부분의 사람들은 소박하고 단순한 조선 건축물의 독특함을 유교, 그중에서도 성리학의 영향으로 이해하고 있다. 사치와 화려함을 기피한 사대부들의 관념적 세계관이 반영되었다는 것이다. 일견 그럴듯해 보인다. 이 설명이 맞다면 조선 이전과 이후를 경계선으로 건축양식의 단절이 있어야 한다. 하지만 역사적 사실을 확인해보면 3단계 풍경과 그에 따른 건축물 변화는 비단 조선시대에만 일어난 것이 아님을 알 수 있다. 즉, 유교가 국가 이데올로기로 확립된 조선시대 이전부터 한국의 건축물은 작아지고 단순해졌다. 따라서 조선의 건축물이 소박하고 단순해진 원인이 유교 때문이라는 설명은 구체적인 검증없이 관념적으로 도출된 것이다. 이런 주장이 대두된 이유는 과거를 바라볼 때 현재의 선입견을 분석에 집어넣었기 때문이다. 과거를 분석할 때 가장 경계해야 될 일은 현재의 인식을 과거에 끼어넣는 일이다. 지금까지 우리가 너무나 자연스럽게 현재의 눈으로 과거를 바라보고 평가했기 때문에 과거를 당시 관점에서 봐야 한다는 것을 인식조차 못했던 것이다.

오늘날 모든 개인은 평등하다는 것이 상식이다. 하지만 이 잣대로 과거를 보면 어떤 역사적 인물에 대한 평가도 제한적일 수밖에 없다. 결국 당시 사람들의 사고방식과 시대의 관점을 먼저 이해하지 않으면 역사를 제대로 이해하기 어렵다. 앞으로 구체적으로 살펴보겠지만 조선 이전에 세워진 많은 건축물에서도 3단계 풍경을 확인할 수 있다. 유교가 한반도의 정신세계를 지배하기 이전 고려와 신라의 건축물에서도 이미 3단계 풍경이 나타났고, 건축물의 단순화가 이뤄지고 있었다. 그렇기에 유교는 3단계 풍경의 사상적 기원이 아니며, 서울의 풍경은 유교가 중심사상으로 자리잡기 이전부터 이어져 왔던 전통의 결과로 형성된 것이다.

그렇다면 이 3단계 풍경에 깃든 원리의 정체는 무엇일까? 또 어디에서 연유한 것일까? 그 실마리는 3단계 풍경에 있다. 앞에서 이야기했듯이 서울의 3단계 풍경이 세계 다른 나라의 풍경과 차별화되는 것은 북악산이 존재한다는 점이다. 또한 경복궁의 규모가 작아진 것도 북악산 때문이다. 즉, 세계의 풍경과 3단계 풍경의 차이점은 산의 유무이다. 이렇게 본다면 어떤 요소가 거대한 산을 도시 안에 자리잡게 만들었는지 찾아야 하는데, 우리는 1장에서 이미 그 과정을 확인했다. 새로운 도읍지의 향방을 가른 것은 다름아닌 풍수였다. 이제부터 풍수의 원리가 어떻게 한국의 풍경을 변화시켰는지 확인하기 위해 시공간을 한참 거슬러 올라가 신라의 천년수도였던 경주로 가볼 것이다. 이 과정에서 발견되는 풍수는 지금까지 우리가 지금까지 알고 있던 풍수와 전혀 다른 모습으로 다가올 것이다. 오늘날의 시각에서 비합리적이고 낡은 미신으로 치부되는 풍수를 당시 사람들이 어떻게 받아들이고 이용했는지 알아보고 공간이론의 관점으로 재해석하겠다.

법흥왕, 죽음까지 혁신하다

신라의 수도였던 경주에는 남북으로 120m, 동서로 80m, 높이 23m인 황남대총을 비롯한 초대형 옛무덤들이 즐비하다. 현재는 황남동·노동동·노서동·황오동·인왕동 고분군 등으로 나누어서 부르고 있지만, 당시에는 하나로 연결된 거대한 무덤군이었다. 이 무덤들의 최초 조성 연대에 대해서는 300년대 중반을 주장하는 소수 견해와 400년대 초반을 주장하는 다수 견해가 대립하고 있지만, 마지막 조성 연대에 대해서는 양쪽 모두 500년대 중반으로 판단하고 있다.

무덤들의 양식은 돌무지덧널무덤(積石木槨墳)◔이다. 이 양식의 특징인 웅장한 무덤과 화려한 껴묻거리에서 우리는 임금과 귀족 등 죽은 자와 그 후손들이 자신들의 권위를 적극적으로 과시하려 했던 모습을 짐작할 수 있다. 여기에 시각적으로 더 높고 웅장하게 보일 수 있도록 주변

◔ 가장 안쪽에 시신을 안치하는 나무널을 놓고 금관을 비롯하여 다양하고 화려한 다양한 껴묻거리(副葬品)를 넣을 공간인 나무덧널(木槨)을 설치하였으며, 도굴을 막기 위해 잘못 건드리면 무너져 내릴 수 있는 둥글둥글한 냇돌을 촘촘하게 쌓고, 두터운 흙을 다져서 높고 웅장한 봉분을 만들었다.

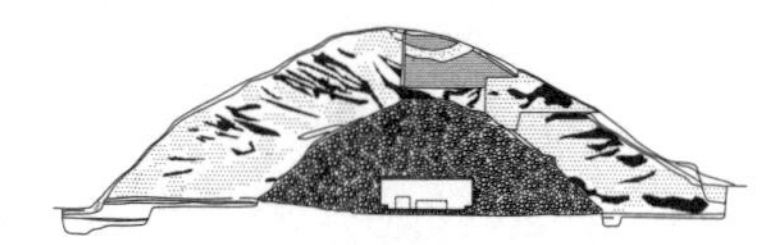

의 산에서 멀리 떨어진 경주시내의 평지에 만들었다.

같은 시기, 경주 이외의 신라 영역권과 가야 지역에서도 대형의 무덤군이 활발하게 조성되었지만, 대부분 봉분의 형태가 제대로 정비되지 않은 형태로 발견되고 있다.

이런 무덤군 양식이 구덩식돌덧널무덤(竪穴式石槨墳)●● 인데, 대부분 산줄기의 능선 위나 언덕 위에 위치해 있어 어디서든 쉽게 볼 수 있다. 여기 무덤들 역시 무덤의 규모와 부장품을 통해 임금과 귀족 지배자의 권위를 적극적으로 드러내려 했다. 이들 대형의 구덩식돌덧널무덤은 경주시내의 대형 · 초대형의 돌무지덧널무덤과 비슷한 시기인 500년대 중반부터 사라지기 시작하여 600년대에 이르면 더 이상 만들어지지 않는다.

죽은 자의 공간인 무덤 양식과 이를 기념하는 제사 의식은 가장 바꾸기 어려운 고대의 문화적 관성 중 하나이다. 일제강점기와 경제성장기를 거치면서 평등사회가 실현되었음에도 불구하고 조선시대의 매장 풍습과 제사 의식이 여전히 가장 잘 유지되고 있는 전통풍습이라는 점만 봐도 무덤 양식이 가진 보수성을 잘 알 수 있다.

그런데 신라에서는 500년대 중반을 거치면서 무덤의 양식과 위치, 껴묻거리의 양과 종류에서 혁신적인 변화가 나타났다. 수도였던 경주에서는 시내의 평지에서 주변의 산지로 무덤의 위치가 바뀌었으며, 규모도 대형인 일부 임금의 무덤을 제외하면 대형 · 초대형에서 중소형으로 확실히 작아진다. 또한 무덤의 양식도 옆트기식돌방무덤(橫穴式石室墳)●●● 으로 바뀌었다. 여기에 시신과 함께 돌방

●● 안쪽에 시신과 금동관 · 철제무기 · 토기 등 여러 껴묻거리를 넣을 공간인 덧널(槨)을 돌로 쌓아 만들었다. 입구는 가장 위쪽에 만든 후 넓은 돌판으로 덮었고, 그 위에 흙을 다져서 높은 봉분을 만들었다.

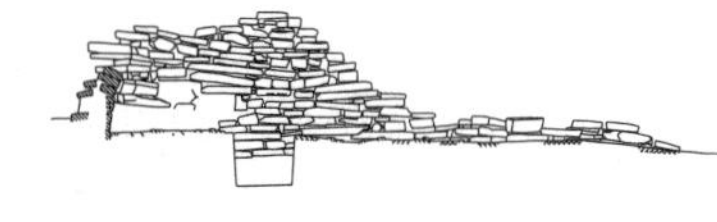

●●● 다른 시기에 죽은 가족의 시신을 한 곳에 묻을 수 있도록 큰 돌방을 만들고, 옆쪽에 입구를 설치한 후 흙을 다져 봉분을 쌓았다.

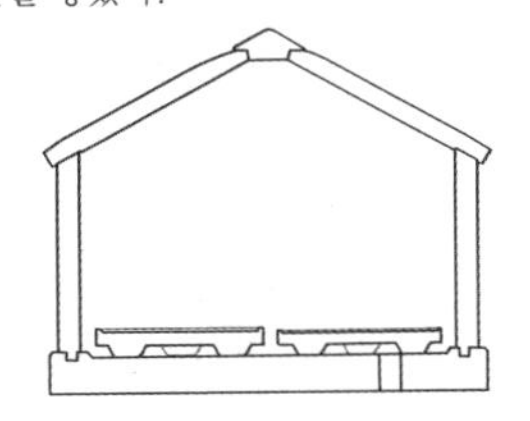

경주 대릉원의 황남대총

고대로 갈수록 고분의 크기는 곧 지배자의 권력과 비례했다. 대릉원에는 왕과 왕비, 귀족의 무덤으로 추정되는 대형고분이 총 23기가 모여 있다. 이 고분들은 신라가 지방 지배를 강화하여 고대 국가체제로 넘어가면서 지배층의 위상이 높아졌음을 알려준다. 이 중 황남대총은 대릉원의 고분 가운데 가장 큰 규모로 누구의 무덤인지는 확실히 밝혀지지 않은 상태이다. 두 개의 무덤으로 이루어져 있으며 남분은 남자, 북분은 여자의 무덤으로 추정된다.

에 묻는 껴묻거리의 양과 종류도 확연히 줄고 간소화되었다.

임금과 귀족의 무덤 조영에서 보이는 이런 급격한 변화는 역사상 좀처럼 나타나지 않는 희귀한 일이다. 이 현상은 당시 신라의 사회·정치·국제관계·세계관에서 나타난 커다란 변화와 밀접하게 연계되어 있다. 이 변화는 500년대 전반기의 신라 22대 임금인 지증마립간(500~514)과 그의 아들인 23대 임금인 법흥왕(514~540) 때 집중적으로 일어난다.

502년에 지증마립간은 임금이나 귀족 등을 장사지낼 때 살아 있던 사람을 죽여서 함께 묻던 순장을 금지했다. 503년에는 그때까지 사라(斯羅)·사로(斯盧)·신라(新羅) 등 다양한 한자음을 빌려 표기하던 나라 이름을 '신라'로 통일하고, 거서간(居西干)·니사금(尼師今)·마립간(麻立干) 등으로 불리었던 임금의 호칭 역시 '신라국왕'으로 확정지었다. 505년에는 지방 행정체제 중 최고 높은 단위인 주를 설치한 후 주-군-현의 3단계 체제로 정비하였다. 514년에는 중앙 귀족 세력의 지방통치 거점인 소경(小京)을 처음으로 설치하였고, 죽은 후에 공덕을 찬양하기 위해 올리는 한자 이름인 시호 제도도 처음으로 시행했다.

법흥왕은 지증마립간보다도 더 혁신적인 사회·정치적 변혁을 시도한다. 517년에 병부를 설치하였는데, 상설 관부를 처음으로 제도화한 것이다. 520년에는 관습이 아닌 성문화된 법으로 정치를 하겠다는 의도를 담은 율령을 반포하고, 관리들의 옷인 공복의 색을 달리하여 위계를 명확히 구분할 수 있는 조치를 취했다. 521년에는 140년 만에 중국의 양나라에 사신을 파견하여 국제적인 외교정책의 혁신을 꾀했다. 528년에는 이차돈의 순교라는 극적 사건을 통해 신라 고유의 보수적 전통 세계관에서 탈피하고 보편적인 세계관인 불교를 공인하였다. 531년에는 나라의 일을 총괄하는 상대등(上大等) 관직을 만들었으며, 536년에는 신라가 독립된 천하임을 국내외적으로 선포하는 연호(年號)를 처음으로 사용하였다. 짧은 시간에 얼마나 많은 변화가 일어났는지 알 수 있다.

이와 더불어 거의 알려지지 않은 또 하나의 혁명적 변화가 있었다. 그 흔적은 법흥왕을 "애공사(哀公寺) 북쪽 봉우리에 장사지냈다"는 『삼국사기』 기록에서 찾을 수 있다. 『삼국사기』에 법흥왕 이전 22명의 임금 중 무덤의 위치나 관련 내용이 기록된 임금은 1~5대 5명과 13대 미추니사금까지 등 총 6명에 불과했다. 이것은 나머지 16명의 임금들이 경주시내의 집단 묘역에 묻혀서 위치를 따로 표시할 필요가 없었기 때문에 나타난 현상이다. 다시 말해 『삼국사기』에 법흥왕의 무덤 위치가 기록된 것은 집단 묘역이 아닌 곳에 장사를 지냈기 때문이다. 법흥왕 이후에는 임금의 무덤 위치가 『삼국사기』에 대부분 기록되어 있는데, 이는 경주시내의 거대한 고분군과 같은 집단 묘역에 장사지내는 관습이 법흥왕 때부터 없어졌음을 의미한다.

그리고 봉우리에 장사를 지냈다는 것은 무덤이 산속이나 산 밑에 만들어졌음을 의미한다. 이 기록이 중요한 이유는 무덤을 시각적으로 더 높고 웅장하게 보이도록 산으로부터 최대한 멀리 떨어진 경주 시내의 평지에 만들던 관습에서 탈피했음을 알려주기 때문이다.

『삼국사기』 법흥왕의 무덤 기록에서 나타나는 혁신적 변화는 직접 왕릉에 가 보면 더 여실히 느낄 수 있다. 돌방무덤(石室墳) 양식으로 추정되는 법흥왕릉은 지름 14m, 높이 2m의 소형 무덤으로 경주시내로부터 시각적으로 완전히 차단된 위치에 있으며, 500m 앞쪽에 서서 보아도 전혀 보이지 않을 정도로 산속 깊숙이 위치해 있다. 법흥왕릉의 이런 특징들은 경주시내 평지에 조성된 돌무지덧널무덤 형식의 대형·초대형 무덤과 입지·규모·형식 어느 면에서나 유사점이 하나도 없을 만큼 완벽한 단절을 보여준다. 일반적으로 왕릉은 왕실과 국가의 권위와 밀접한 관련이 있다는 점, 권위의 표현은 거대하고 화려하게 이루어진다는 점, 임금은 죽어서도 하늘로부터 권위를 부여받은 최고 통치자의 대우를 받아야 한다

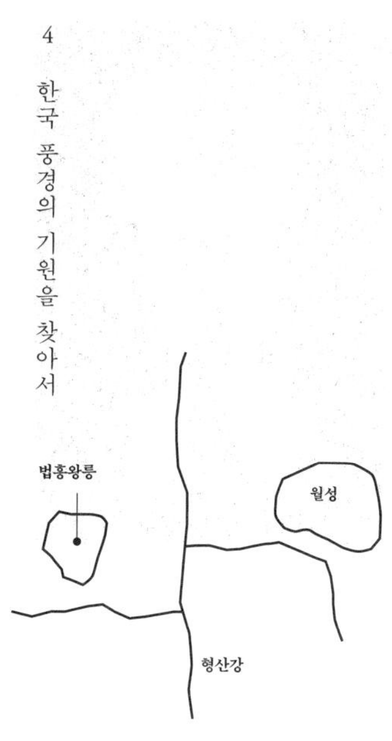

법흥왕릉이 위치한 산의 풍경과 무덤

보통 나라의 중흥을 이끈 군주는 능도 그에 걸맞게 큰 게 일반적이다. 이 때문에 법흥왕릉은 능의 위치가 기록되어 있음에도 진위 논란에 휩싸이곤 한다. 현재 법흥왕릉의 규모가 대릉원의 고분에 비해서 너무나 작아서 신라의 부흥과 혁신을 이끈 왕의 무덤이라고 좀처럼 인정하기 힘들기 때문이다. 심지어 산 깊숙이 위치해 있어서 밖에서 봤을 때 능이 보이지 않는다. 하지만 무덤 크기는 작아도 무덤이 위치한 산 자체를 무덤과 동일시해서 권위를 유지하는 3단계 풍경의 출발점을 법흥왕릉에서 찾을 수 있다.

는 점을 고려해봐도 법흥왕릉의 규모는 쉽게 이해하기 어렵다. 주기적으로 법흥왕릉의 진위 논란이 벌어지는 것도 이 때문이다.

하지만 규모가 작다고 해서 진위를 의심하기보다 법흥왕이 신라의 사회 · 정치 · 국제관계 · 세계관에서 가장 혁신적인 변화를 이끌어낸 개혁군주였다는 점을 고려할 필요가 있다. 부족 중심의 원시적 연합체계에서 고대국가로 발돋움하는 바로 그 시기에 이런 변화가 일어난 것은 결코 우연이라고 볼 수 없다. 오히려 법흥왕의 개혁에 죽음과 가장 보수적인 무덤 양식까지도 포함되었다고 보는 게 더 타당할 것이다.법흥왕 이후 신라의 수도와 지방 전역에서 무덤 조영 관습이 바뀌었다는 사실은 이를 뒷받침한다. 입지 · 규모 · 형식의 측면에서 법흥왕릉과 그 이후의 무덤의 모습은 거의 동일한 모습을 보이고 있다. 이처럼 당시 상황을 종합적으로 봤을 때 법흥왕은 가장 바꾸기 힘든 무덤 관습까지 개혁하고자 했고, 자신의 무덤을 통해 개혁을 몸소 실천함으로써 이후의 임금과 귀족이 모두 따르게끔 선례를 만들었다고 해석할 수 있다.

법흥왕의 개혁처럼 지배 이데올로기의 변화가 전 분야에 걸쳐 엄청난 파급력을 불러온 유사한 역사적 사례는 다른 나라의 역사에서도 찾아볼 수 있다. 그중 가장 유명한 것이 바로 고대 이집트의 아크나톤이다. 아크나톤은 강성해진 사제세력을 견제하기 위해 기존의 다신교를 혁파하고 아톤이라는 태양신을 숭배하는 새로운 유일신앙을 내세웠다. 또한 수도를 테베에서 엘 아마트나로 옮기면서 공간의 변화를 추구했다. 앞에서 왕건과 이성계의 천도와 닮은 모습이다. 아크나톤의 개혁은 그의 사후 이집트가 기존의 다신교로 돌아가면서 철저하게 실패로 돌아갔다. 여기서 흥미로운 점은 이 아크나톤의 시대에 이집트의 미술양식이 그 이전과 완전히 달라진다는 점이다. 사실적인 아마르나 예술이 출현한 것이다. 이런 역사적 사례를 봤을 때 법흥왕의 무덤은 법흥왕과 추종세력의 강력한 개혁의지가 결합하여 이룩한 혁신적 성공 사례 중 하나인 것이다.

네페르티티 흉상
아크나톤이 주도한 개혁의 영향을 받은 아마르나 예술의 대표작이다. 측면얼굴을 보여주는 기존 이집트 예술의 정통을 깨고 사실주의 묘사가 두드러진다. 아크나톤의 개혁이 종교뿐만 아니라 정치·문화·사회 전반에 광범위한 영향을 끼쳤음을 보여준다. 관습법에서 율령의 통치체제로 발돋움하는 법흥왕 시기에도 사회 전 분야에서 변혁의 바람이 불었을 것이다.

가장 오래된 3단계 풍경

아직 남아 있는 문제가 하나 더 있다. 지름 14m, 높이 2m의 법흥왕릉은 그 자체만 놓고 보면 시각적으로 전혀 권위를 가질 수 없다. 하지만 양식은 바뀌어도 애초의 무덤의 목적, 즉 지배자의 권위를 시각적으로 드러내는 것은 반드시 이루어야 한다. 아크나톤의 실패에서 볼 수 있듯이 기존의 시각적 권위 표현 방법과는 다른 것을 찾아서 사람들로 하여금 자연스럽게 받아들이도록 만들지 못하면 아무리 강한 개혁 조치라고 하더라도 종국에는 저항에 부딪혀 좌절될 가능성이 높다.

결과적으로 신라의 수도와 지방 어디에도 옛 방식으로 돌아간 흔적을 찾아볼 수 없기 때문에 법흥왕의 개혁의도는 확실하게 관철되었음을 알 수 있다. 그렇다면 법흥왕은 껴묻거리도 별로 없을 작은 무덤으로 웅장한 봉분과 화려한 껴묻거리를 통해 시각적 권위를 표현하던 옛 방식을 어떻게 대체할 수 있었을까.

여기서 법흥왕릉을 새롭게 바라볼 필요가 있다. 여기에서 중요한 것 역시 산의 역할이다. 법흥왕릉은 해발 약 140m의 산속 골짜기에 깊숙한 위치에 조성되어 멀리서 바라보면 하늘 – 산의 2단계 풍경만 보인다. 이것은 산 – 법흥왕릉이라는 인식 속에 계획적으로 만든 결과물로 볼 수 있는데, 이는 세종대로사거리에서 바라본 하늘 – 하늘산 – 경복궁의 3단계 풍경의 조성 원리와 동일한 것이다. 따라서 법흥왕릉에서 권위를 발현하는 대상은 경주 시내의 어떤 대형 · 초대형 무덤보다도 높고 웅장한 해발 약 140m의 산, 즉 하늘산이 되는 것이다. 비록 법흥왕릉 자체는 높고 웅장하지 않지만 경주시내의 평지에 조성한 대형 · 초대형의 돌무지덧널무덤과 동일한 효과를 낼 수 있다.

그런데 한 가지 중요한 점은 이런 법흥왕릉의 모습은 풍수의 무덤 원리와 다를 바가 없다는 사실이다. 법흥왕릉은 당시 중국에서 유행하고 있었던 것으로 추정되는 풍수 이론으로부터 힌트를 얻었든, 아니면 자체적으로 개발한 것이든 우리나라 사람들이 일반적으로 알고 있는 풍수 이론이 신라에서 구체적으로 적용된 첫 번째 사례이다. 『신증동국여지승람』에 기록된 법흥왕 이후의 왕릉 중에서 산 – 왕릉이란 구도를 벗어난 것으로 볼 수 있는 왕릉은 낭산 정상에 있는 선덕왕릉과 평지에 있는 헌덕왕릉 2개뿐이다. 또한 왕릉으로 추정되는 고분 중에서도 평지에 있는 진평왕릉과 신문왕릉 2개를 제외하면 산 – 왕릉이란 구도를 벗어난 것을 찾기가 어렵다. 어떠한 경우이든 경주 시내의 평지에 조성된 초대형의 돌무지덧널무덤의 양식으로 돌아간 왕릉은 찾을 수 없다. 선도산과 명활산, 낭산 등에 무수히 흩어져 있는 귀족들의 무덤에서도 초대형 돌무지덧널무덤의 형식으로 돌아간 사례를 찾을 수 없다. 이처럼 법흥왕 이후에 봉분 자체를 과거 돌무지덧널무덤처럼 거대하게 조성한 고분은 발견되지 않았다. 이것은 권위의 표현 방법으로써 상대적으로 낮고 웅장하지 않은 건축물을 통해 높고 웅장한 건축물과 동일한 효과를 내려 한 풍수의 혁신성이 잘 실현되었음을 보여주는 것이다.

풍수는 지배자를 위한 사상이었다

풍수 이론의 최고 경전으로 알려진 것은 중국 한나라 때 청오자가 지었다는 『청오경』과 진나라 때 곽박이 『청오경』의 내용에 설명을 덧붙였다는 『금낭경』이다. 두 책의 진위 여부에 대해 논란이 있지만, 이와 상관없이 두 책이 죽은 자의 공간 중심이라는 사실에 주목할 필요가 있다. 이를 "음택풍수(陰宅風水)"라고 한다. 반대로 살아있는 사람들의 삶터와 관련된 것을 "양택풍수(陽宅風水)"라고 한다. 그런데 『청오경』과 『금낭경』에서 알 수 있듯이 애초에 풍수는 임금이나 귀족 등 지배신분의 무덤을 통해 권위를 확보하려는 목적으로 음택풍수로부터 시작되었다.

다시 말해, 풍수는 권력을 가진 지배자가 피지배자로부터 권위를 획득하고자 할 때 사용하는 공간이론이었다. 즉, 권위 있는 땅을 찾기 위한 이론인 것이다. 따라서 '권위 있는 땅을 찾기 위한 이론'으로서의 풍수는 피지배층의 삶터인 마을에는 적용되어서는 안 된다. 또한 높은 지형인 산과 산줄기를 끌어들여야 하는 풍수는, 성벽이나 해자와 같은 물리적 방어력이 필수적이며 밖에서 보이지 않는 신비 전략을 구사하여 신성함을 유지하는 도시에도 적용되기 어렵다. 반면에 임금과 귀족 등 지배신분의 무덤은 손쉽게 풍수의 원리를 적용할 수 있는 공간이다. 권위가 중요하면서도 물리적 방어력을 갖추지 않아도 되기 때문에 산과 산줄기에 둘러싸인 좁은 공간은 외부로부터 노출되지 않아 명당의 지형으로 적합했다.

결국 풍수는 죽은 자의 공간에 적용하기 쉽고, 산 자의 공간에 적용하기는 어려운 이론이었다. 그래서 발생 역시 양택이 아니라 음택일 수밖에 없었던 것이다. 따라서 신라에서도 법흥왕 이후 '죽은 자의 공간'인 무덤에서 풍수의 원리가 가장 먼저 적용된 것은 자연스러운 결과였다.

명당은 살기 좋은 땅일까?

앞에서 도시를 시각적 상징이 각인된 입체공간으로서 바라봐야 한다는 점과 궁궐을 방문하는 사람의 관점에서 생각해야 한다는 점에 대해 살펴보았다. 이는 풍수에 대해서도 동일하게 적용된다. 지금까지 풍수에 대한 설명은 명당을 잡는 방법, 이미 명당이라 알려진 장소에 대해 왜 명당인지 혹은 얼마나 완벽한(또는 결함 있는) 명당인지를 설명하는 것에 대해서만 집중됐다. 명당을 방문하는 사람이 어떤 풍경의 체험을 하게 되는지, 그런 풍경 체험의 시각적 극대화를 만들어내기 위해 어떤 경로가 만들어져 있는지에 대한 관심이 부족했다.

기존 전통도시 연구자와 풍수 전문가 모두 하늘-산-궁궐의 3단계 풍경을 간과했고, 이 풍경 체험을 극대화시키기 위해 서울의 독특한 간선도로망이 만들어졌다는 점을 설명하지 못했다. 그 결과 하늘-산-궁궐의 3단계 풍경에 어떤 상징적 의미에 대해서도 전혀 관심을 갖지 않았고, 이는 풍수에서 가장 중요한 장소로 여기는 명당의 장소성에 대해서까지 잘못된 이해를 불러왔다.

> 이제는 어느 품에 안길 것인가의 문제이다. 산룡이 사람을 끌어안을 자세를 갖추었을 때, 그 품 안이 명당이 된다. 어머니가 아기에게 젖을 먹일 때, 아기를 양손으로 품안에 안고 아기 입에 젖꼭지를 물린다. 이 경우 어머니의 품이 명당, 젖무덤이 血場(혈장), 젖꼭지가 穴處(혈처)가 된다. 땅에 있어서도 마찬가지이다. 주위가 산과 강에 의하여 어머니의 품속처럼 안온하게 조성된 일정 장소가 명당이다. 그 명당 중에서 땅 기운이 집중되어 있는 좁은 범위가 혈장이고, 그중에서 바로 地氣(지기)가 인체에 교류될 수 있는 지점이 혈처인 것이다.
>
> —『땅의 논리 인간의 논리』, 최창조, 1992, 24쪽

현대 풍수 전문가들은 대체적으로 풍수의 명당을 '어머니의 품속처럼 안온하게 조성된 장소'로 여긴다. 이는 무덤처럼 죽은 자의 공간을 논하는 음택풍수와 집 · 절 · 서원 · 향교 · 마을 · 도시 등 산 자의 공간을 논하는 양택풍수 모두에 해당되는 논리다. 이를 양택풍수로만 좁히면 풍수의 명당은 '사람이 살기에 좋은 땅', '사람이 살기에 편안한 땅'이란 인식으로 변한다. 당연하게도 이러한 인식은 풍수의 논리에 따라 위치가 정해지고 궁궐과 간선도로망이 계획된 서울, 그리고 그곳의 최고 명당인 경복궁에도 그대로 적용된다.

> …주산과 좌청룡, 우백호, 안산을 내사산(內四山)이라고 한다. 내사산은 어머니의 품처럼 직접 살을 맞대고 마을이나 도시를 감싸고 있다…땅을 경외하며, 땅에 의지하는 자세라 할 수 있다. 그러기에 우리나라의 건물이나 마을, 도시는 산에 푸근히 안기는 모습으로 자리 잡는다."(17쪽)

"…그 가운데서도 조선 제일의 궁궐 경복궁은 서울의 주산 백악에 안겨 있다. 육조거리 – 세종로에서 북으로 바라보면 저 끝에 정문 광화문이 보이고, 광화문 뒤로 경복궁 전각들의 지붕이 언뜻언뜻 머리를 내밀고 있다. 그 너머로 젊은 엄마의 젖가슴처럼 백악이 불룩 솟았고, 서쪽으로는 오른팔인 양 인왕이 힘 있게 솟아 있다. 백악과 인왕이 만들어낸 너른 품, 널찍한 평지에 경복궁은 번듯하게 자리 잡고 있다."(41쪽)
"…응봉은 백악처럼 탱탱한 양감은 없이 중년 지난 여인의 젖가슴처럼 푸욱 퍼졌다. 하지만 그것은 다른 한편으로는 이렇게 아이들 여럿을 키운 어머니의 젖가슴이 갖는 넉넉함을 가지고 궁궐과 종묘, 성균관, 사당 등 국가의 주요 시설들을 거느리고 있는 것이다."

— 『우리 궁궐 이야기』, 홍순민, 1999, 43쪽

여기서는 '명당'이라는 풍수 용어가 보이지는 않지만 '내사산은 어머니의 품처럼 직접 살을 맞대고 마을이나 도시를 감싸고 있다', '우리나라의 건물이나 마을, 도시는 산에 푸근히 안기는 모습으로 자리 잡는다'처럼 우리나라 마을과 도시의 전체적인 형세에 대한 설명에서 풍수 전문가의 견해와 다를 바 없다. 게다가 이것은 '조선 제일의 궁궐 경복궁은 서울의 주산 백악에 안겨 있다'와 같은 표현으로 서울과 경복궁에까지 계속 이어진다.

지배와 피지배의 살풍경이 남아 있는 풍수

역사에서 임금과 신하로 대별되는 세력이 서로 조화를 이루며 나랏일을 이끄는 이상적 상황을 설정할 수 있고, 또 그런 경우가 전혀 없지는 않았다. 하지만 어떤 문명권의 나라에서도 그것은 항상 일시적일 수밖에 없다. 나랏일은 단순히 백성을 위한다는 거시적 차원에서만 설명될 수 있는 것이 아니다. 이를 추진하는 구체적 과정에서 이익을 보는 세력과 손해를 보는 세력이 복잡하게 얽혀 있는 경우가 대부분이며, 그래서 양 세력 또는 여러 세력의 의견 충돌이 항상 내재되어 있을 수밖에 없다. 특히 권력의 향배를 매개로 했을 때 그러한 의견 충돌은 자기 세력의 약진을 이루느냐, 아니면 몰락하느냐의 극단적인 상황으로까지 치달을 수 있다.

조선시대에 사화(士禍)나 당쟁(黨爭)이란 이름으로 대표되는 정치 세력 사이의 충돌이 지속적으로 등장하는 것은 특이한 현상이 아니다. 권력을 다투는 지배 세력 안에서의 의견 충돌과 암투는 늘 벌어지는 일이었다. 이러한 현상은 시대와 지역을 막론하고 국가의 규모나 형태와 상관없이 인류의 역사 내내 반복되었다. 그리고 이 갈등의 궁극적인 목표가 바로 왕의 실질적인 권한을 제한하여 자신들의 의도대로 조종할 수 있는 상태로 만드는 것이고, 가장 극단적인 형태는 자기 세력의 마음에 들지 않는 왕을 마음에 맞게 조종할 수 있는 사람으로 교체하는 것이다.

그렇다고 왕이 항상 꼭두각시 같은 존재는 아니었다. 왕은 심한 견해 차이로 충돌하는 여러 세력들 사이에서 평형을 유지하며 자신의 의지를 관철시키고자 노력하거나, 때로는 견해 차이 여부를 떠나 신하 전체보다 훨씬 강한 힘으로 자신의 의지를 강제하려는 존재이기도 했다. 다만 그런 경우라고 하더라도 왕 혼자서 할 수 있는 일은 하나도 없었다. 자신을 지지해주는 세력을 든든하게 만든 다음에야 자신의 의지를 관철시킬 수 있는 행동과 조치를 취할 수 있었다. 만약 그렇게 하지 않았거나, 자신을 지지해주는 세력이 약할 경우 연산군과 광해군처럼 임금 교체를 위한 쿠데타가 발생했고, 더 극단적인 예로는 우리가 잘 알고 있듯이 태봉과 고려에서 왕조 교체라는 역성혁명이 일어났다.

왕과 권력이라는 정치적 관계에 대해 서술한 이유는 풍수의 논리에도 이런 역학 관계가 적용되기 때문이다. 오늘날 전통도시 연구자나 풍수 전문가뿐 아니라 우리나라 사람 대부분은 풍수를 '사람이 살기에 좋은 땅'이나 '사람이 살기에 편안한 땅'이라는 관점으로 이해하고 있다. 하지만 이런 관점으로는 서울 최고의 명당이라는 경복궁은 제대로 해석될 수 없는 성격을 가진 장소가 된다. 단적으로 말해 경복궁은 최고 권력자인 임금을 정점으로 하여 정치권력을 놓고 치열한 갈등과 충돌이 벌어지는 현장이고, 이를 어떻게든 제어하면서 짧게는 당대 임금의, 길게는 왕조 자체의 번영을 추구하기 위한 이데올로기가 각인되어 있어야 하는 공간이다. 궁궐이란 건축의 차원에서 보면 그 주인인 임금이 인간 세계의 힘으로는 누구도 바꿀 수 없는 권위를 부여받은 신성한 존재임을 상징적 이미지로 구현해내야 하는 장소이다.

풍수에서 말하는 전형적인 명당
풍수에서 명당의 주인공은 백성이 아니라 왕과 같은 지배자였다. 풍수는 일반 백성이 살기 좋은 땅을 찾기 위한 이론이 아니었다. 풍수의 목적은 지배자의 권위를 피지배자가 공간적으로 체험하고 받아들이게 하기 위한 것이었다. 풍수는 권력과 지배를 정당화해주는 성공적인 공간이론이었고, 오랜 세월 지배층의 핵심논리로 작용할 수 있었다.

기존 풍수 이해의 문제점은 역사를 산 당사자들의 치열한 삶이 반영되지 않았다는 점이다. '만인지상'이라는 것은 모든 사람이 적이 될 수 있다는 의미이고, 혈육조차 나눌 수 없는 것이 역사가 보여준 권력의 속성이다. 궁궐은 작은 실수에도 까딱하면 목숨이 날아갈 수 있는 살얼음판의 현장인 것이다. 따라서 명당을 '살기 좋은 땅'으로 이해하는 것은 현재의 시점에서 과거를 바라본 낭만적이고 비학문적인 시선일 뿐이다. 이런 식의 접

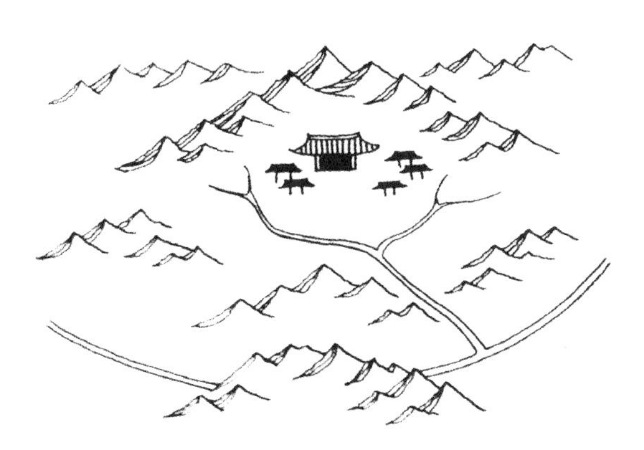

근은 풍수라는 학문적 대상을 비판과 연구가 불가능한 영역으로 끌어왔던 게 사실이다. 오늘날 청와대와 국회와 같은 권력의 공간을 '살기 좋은 땅'이라는 관점으로 보는 이는 없을 것이다. 그럼에도 과거의 권력의 공간에 대해서는 갈등과 충돌이 없었던 조화로운 장소로 받아들이려는 관점은 그 자체로 모순적이다. 서울 최고의 명당인 경복궁과 근정전의 구체적인 터를 잡는 데 동원된 풍수의 명당 논리는 '사람이 살기에 좋은 또는 편안한 땅을 찾기 위한 이론'이 아니었다. 반대로 '누구도 범접하기 어려운 권위 있는 공간 찾기 이론'이라고 보아야 할 것이다.

땅의 논리인가, 하늘의 논리인가?

기존 풍수 이해에는 근본적인 문제가 하나 더 있다. 그것은 바로 풍수를 지형에 따른 '땅의 논리'로 인식한다는 것이다. 인류 문명에는 보편성과 특수성이 존재한다. 보편성은 호모사피엔스라는 종이 지닌 본능을 바탕으로 한 공통성이다. 반대로 특수성은 우리가 모두 같은 인간이지만 각자 얼굴과 성격이 다른 것처럼 개체마다 구별되는 특성을 의미한다.
따라서 특수성은 보편성의 범위 안에서 가능하다. 문제는 여기에 있다. 풍수를 땅의 논리라고 하는 것은 우리만의 특수성을 강조한 나머지 인류의 보편성을 부정하는 것과 마찬가지이다. 서구 지향의 근대화가 서구의 특수성을 보편성으로 잘못 인식하게 만들었고, 이에 대한 반발로 나온 풍수에 대한 재평가 역시 이러한 잘못된 인식에 대한 이해 없이 진행된 결과 땅의 논리로 받아들여졌다.

권위 있는 공간을 찾기 위한 이론으로 풍수가 시작된 만큼 그 권위를 어디서부터 이어받는지의 문제는 풍수를 이해하는 출발점이자 핵심이라고 할 수 있다. 그런데 지금까지 우리는 풍수의 탄생과 그 근본 목적에 대한 문제의식을 놓치고, 풍수가 오랜 역사를 통해 내려오는 과정에서 생긴 지엽적 측면을 본질로 받아들이고 있는 것이다. 오늘날 풍수 전문가들이 설명하는 산세의 형상, 물길 등은 모두 권위 있는 땅, 즉 명당을 찾기 위한 과정이자 기술적 측면이다. 애초에 풍수가 왜 명당을 찾고자 했는지 그 목적을 이해하지 못하면 풍수에 대한 이해는 학문의 영역이 아닌 지금처럼 미신적이고, 신앙에 가까운 비합리적 믿음으로 남을 수밖에 없다. 이 문제가 중요한 것은 풍수뿐만 아니라 역사와 3단계 풍경과도 바로 맞닿아 있기 때문이다.

지금까지 풍경을 설명하면서 왜 산과 궁궐에 하늘까지 포함해서 3단계 풍경이라고 하는지 궁금했을 것이다. 하늘은 산과 궁궐 같은 조형요소가 아니라 비어 있는 공간이자 어디서나 볼 수 있는 풍경이라고 생각하기 때문이다. 하지만 하늘이 빠지면 그 풍경은 단순히 심미적 요소일 뿐이다. 내용이 동반되지 않은 외형은 오래갈 수 없다. 그런 의미에서 권위의 원천이자 풍경의 근거로 작용하는 것이 바로 하늘이다. 서울의 풍경은 하늘 숭배라는 권위의 원천에서 보편성을 획득한다. 하늘이야말로 3단계 풍경이 담고자 했던 궁극적 목표였던 것이다.

세계 문명권에서 '누구도 범접하기 어려운 권위'의 근원은 '하늘(天)'이었다. 다양한 구체적인 형태로 나타나는 하늘은 인간 세계에서 최고 권위를 갖고 있던 외적 존재였다. 이에 최고 권력자는 하늘신(天神) 그 자체, 하늘에서 가장 숭앙받던 '태양신', '하늘의 아들(天子) 또는 자손(天孫)', 하늘의 뜻을 받들어 나라를 세운 자, 하늘과 직접 연결되었음을 보여주는 동물이나 상상의 생명체 등의 다양한 방식으로 상징화된다.

『삼국유사』에는 고조선을 개국한 단군왕검의 할아버지가 하느님인 환인(桓因)이고, 환인의 아들로서 세상을 다스리기 위해 하늘로부터 내려온 환웅(桓雄)이 아버지로 나온다. 단군왕검은 하늘의 자손이기 때문에 단군조선의 모든 임금들도 하늘의 자손으로서 인간세상을 통치한다는 이데올로기가 만들어진 것이다.

신라의 시조 혁거세나 고구려 주몽의 건국신화 역시 하늘의 자손이란 건국신화를 바탕으로 하늘의 자손이라는 이데올로기를 체계화한 것이다. 고려를 건국한 태조 왕건의 경우 문자로 역사를 체계적으로 기록하던 시절에 새 왕조를 열었기 때문에 하늘과 바로 연결되는 신화를 만들어내기가 쉽지 않았다. 『고려사』에는 의종(재위: 1146~1170) 때 김관의가 저술한 『편년통록』을 인용하여 보육의 딸 진의가 당나라의 숙종 황제와 결합하여 왕건의 할아버지 작제건을 낳았다는 건국신화가 수록되어 있다. 왕건 또는 그의 조상을 하늘과 바로 연결되는 내용은 아니지만 하늘의 아들(天子)이라 여겨진 당나라의 숙종 황제에게 연결시켜서 간접적으로 하늘의 권위를 가져왔음을 알 수 있다.◓

조선을 건국한 태조 이성계도 마찬가지이다. 그가 하늘의 뜻에 따라 나라를 열 수 있었다는 뜻의 문구를 『태조실록』에서 찾는 것은 어려운 일이 아니다. 조선 최고의 전국 고을지리지로 1481년에 처음으로 편찬된 후 2차례의 증보 교정을 거쳐 1530년에 완성된 『신증동국여지승람』의 서울(京都) 첫머리에도 "우리 태조 강헌대왕이 하늘의 밝은 뜻(天明命)을 받아 이곳에 수도를 정했다"는 문구가 나

◓ 김관의의 기술은 의종 때이므로 고려 초의 상황을 충분히 반영했다고 단정 지을 수는 없다. 여기서 주목할 것은 태조 왕건이 918년 6월 15일에 즉위할 때 나라 이름을 고려라 하고 연호를 '하늘이 내려주었다'는 뜻의 천수(天授)로 바꾸었다는 점이다. 이것은 왕건의 조상이 어떠하든 그가 고려 개국의 주체가 될 수 있었던 이유가 하늘의 뜻(天命)을 받드는 최고의 존재였기 때문이라고 밝히는 것이며, 이러한 인식이 고려의 건국 과정에서 형성·정착되었음을 보여주고 있다. 결국 하늘의 뜻이 변했다는 확실한 증표가 새로 나타나지 않는 한, 왕건을 비롯한 고려의 임금들은 하늘의 뜻을 받들어 고려를 통치할 수 있는 신성불가침한 권위를 받은 지존이 되는 것이다.

온다. 또, 태조 이성계와 그의 조상 및 후대의 임금 모두 하늘로부터 인간 세계를 다스릴 권한을 부여받은 유일한 존재임을 적나라하게 묘사한 대표적 책이자 최초의 한글본인 『용비어천가』도 빼놓을 수 없다.

海東 六龍飛莫非天所扶古聖同符

海東 六龍이ᄂᆞᄅᆞ샤일마다天福이시니古聖이同符ᄒᆞ시니

(뜻: 우리나라에 여섯 분의 용〔목조 · 익조 · 도조 · 환조 · 태조 · 태종〕이 날아오르니 하늘이 돕지 않는 것이 없어 옛 성인〔주나라 건국자 문왕〕과 견줄 만하다)

『용비어천가』는 '용이 날아 하늘에 이르름에 대한 노래'라는 뜻이다. 앞의 인용문에서 용은 조선을 개국한 태조 이성계와 그의 4대 조상, 그리고 그의 아들인 태종 이방원까지 여섯 명이다. 이들을 용이라고 비유한 이유는 용이라는 상상의 동물이 땅과 하늘을 연결하는 유일한 존재로 여겨졌기 때문이다. 『용비어천가』는 이들 여섯 사람의 용이 위기를 극적으로 피하거나 새로운 업적을 이루어낸 것을 모두 하늘이 뜻한 바로 설명하고 있다. 이것은 조선의 임금이 하늘의 뜻(天命)에 따라 세상을 다스릴 수 있는 권한을 부여받은 유일한 존재라는 의미로, 조선시대 임금의 얼굴을 용안(龍顔)이라 하고, 임금의 옷을 곤룡포(袞龍袍) 또는 용포(龍袍)라고 한 것도 이러한 인식의 일환이라 할 수 있다.

하늘, 배경으로 밀려나다

우리나라 전통건축물의 조성 원리를 말할 때 '자연과의 조화'란 설명 방식을 많이 사용한다. 하지만 '자연과의 조화'라는 설명의 문제점은 학문적이라기보다 문학적이고, 문학적이라기보다 관용적 표현에 가깝다는 점이다. 그 의미가 두루뭉술해서 자칫 전통건축물에 대한 인식을 오도할 여지까지 있다.

생각해보자. 전 세계에서 우리 선조들만 자연친화적이어서 자연과 조화라는 목적을 추구하진 않았을 것이다. 자연과의 조화는 정도의 차이가 있을 뿐 세계의 문명권 어디에서나 추구한 기본상식이었다. 한국이나 중국이나 일본, 유럽, 아랍 문명권 모두 공통적으로 권위를 획득하기 위한 목적으로 건축물을 건설하였다. 다만 한국은 크고 웅장한 건설이라는 일반적인 방법 대신 다른 방법을 내놓았다고 보는 것이 적절할 것이다.

더욱이 '자연과의 조화'라는 설명의 전제가 되는 '자연(自然)'이란 개념에는 하늘이 빠져 있다. 이 점이야말로 '자연과의 조화'라는 설명이 가지는 모순을 잘 보여준다. 근대 이전의 모든 전통문명권에서 최고의 권위를 획득한 존재로서의 자연은 땅이 아니라 하늘이었고, 전통시대의 보편적 사회 운영원리였던 불평등한 신분제에 정당성을 부여하는 신성불가침한 절대적인 힘의 근원도 하늘로 인식되었다.

그런데 유럽에서 시작된 근대의 사상가들은 신분제 사회의 불평등이 인류의 역사에서 원래부터 있었던 것도, 앞으로 계속되어야 할 영원한 것도 아니라는 사실을 발견하였다. 그래서 나온 것이 바로 '하늘은 모든 사람에게 불평등이 아니라 평등한 권리를 주었다'는 천부인권(天賦人權) 사상이다. 이는 전통시대의 관점에서 보면 말도 안 되는 주장이었지만 산업혁명을 거치면서 시대의 대세가 되었고, 결국엔 법적 · 사회적 측면에서 평등사회를 실현해내는 이념적 기반이 되었다. 그런데 평등사회가 실현되고 나서는 '하늘이 모든 사람에게 불평등이 아니라 평등한 권리를 주었다'는 식의 주장이나 설명을 굳이 할 필요가 없게 되었다. 전제적 군주는

'하늘의 아들'이라는 이데올로기를 깨기 위해 마찬가지로 '하늘'에서 명분을 찾았던 과거와 달리 인간의 평등은 이제 상식이 되어서 주장하거나 설명할 필요가 없어졌다. 즉, 인간의 당연하고 자연스러운 본질로 인식하게 된 것이다.

이러한 과정을 통해 권위의 원천은 하늘에서 인간으로 옮겨졌다. 이와 함께 근대의 자연 개념에서도 자연스럽게 제외되었다. 그래서 근대 이후에는 자연이라고 하면 산으로 대표되는 땅으로 여겨졌고, 더불어 물·공기 등 인간 스스로 보고 느낄 수 있는 대기권 이하의 물질적인 것에만 한정시켰다. 문제는 근대 이후의 현상을 설명할 때는 자연이란 개념에서 하늘을 제외해도 상관이 없지만 전통시대의 여러 현상을 설명할 때는 하늘을 제외하면 제대로 이해하기 어려운 것이 대부분이라는 점이다. 따라서 우리나라의 전통건축물의 조영 원리를 '하늘'이 배제된 '자연과의 조화'로 설명하는 경향 자체는 온전히 전통적인 사상에 입각한 것도 아니며, 서양 지향으로 점철된 근대화에 대한 굴절된 반발에 가깝다.

하늘이 사라진 근대 이후의 자연 개념에만 입각해서 보면 다른 문명권의 하늘 – 궁궐이란 2단계 풍경에서는 인공건축물인 궁궐만 남게 된다. 반면에 우리나라의 경복궁에서 대표적으로 나타나는 하늘 – 산 – 궁궐이란 3단계 풍경에서는 자연인 산과 인공건축물인 궁궐이란 산 – 궁궐의 구도가 남게 된다. 이렇게 되면 우리나라의 전통건축물만 '자연과의 조화', 좀 더 구체적으로 말하면 '자연인 산과의 조화'란 조영 원리에 의해 만들어진 것으로 인식된다. 나아가 산은 땅이기 때문에 '하늘의 논리'가 아닌 '땅의 논리'로 이해한 것이다. 전통시대 내내 인간세계를 지배하는 신성불가침한 힘인 하늘에 비해 땅은 인간이 발을 딛고 있는 친근한 존재이기 때문에 '지배의 논리'가 아닌 '인간의 논리(인간적인 논리)'로 풍수의 개념이 역전된 것이다. 여기서 '인간'은 권력을 매개로 이해관계에 따라 다양한 모습을 보이는 '마키아벨리적인' 인간이 아니라 '인간적인' 인간을 가리키는 것으로 변형된다. 그 결과, 다른 곳은 차치하더라도 임금이 사는 서울과 경복궁에 적용된 풍수까지 '사람이 살기에 좋은 또는 편안한 땅을 찾기 위한 이론'으로 나아가게 된 것이다. 이제 풍수는 하늘 중심의 합리적인 서구 사상과 대비되는 땅 중심의 인간적인 동양 사상으로 사람들의 인식에 자리매김하게 되었다. 하지만 이는 결국 서양에 대한 열등감의 발로에서 나온 자민족 우월주의에 불과하며, 학문적으로도 가치 없는 주장일 뿐이다. 이런 주장에는 한민족(만)이 자연과 평화를 사랑한다는 주관적 심리가 숨어 있다. 서양이 동양을 오리엔탈리즘으로 대상화한 것처럼 우리가 우리의 선조를 대상화하고 있는 것이다.

이처럼 한국의 전통건축물을 '자연과의 조화'로 설명하고, 풍수를 '땅의 논리, 인간의 논리'로 말하는 주장은 학문적인 주장으로 통용될 수 없다.

근대 이전의 자연 개념에는 최고의 권위를 갖고 있던 하늘이 엄연히 존재했다. 우리의 하늘－산－궁궐이란 3단계 풍경뿐만 아니라 세계에서 보편적으로 보이는 하늘－궁궐의 2단계 풍경에도 분명하게 자연과의 관계가 설정되어 있는 것이다. '자연과의 조화'는 한국에만 있는 것이 아니라 전세계적으로 볼 수 있는 기본적이고 보편적인 원리이다. 따라서 조선으로 대표되는 우리나라의 전통건축물에만 '자연과의 조화'라는 조영 원리가 내포되어 있다고 설명하는 것은 잘못된 이해이다. 마찬가지로 '자연과의 조화'를 땅과 관련지어 '산과의 조화'라는 말로 바꾼다고 해도 이 역시 산도 하늘과의 관계를 통해 의의를 갖는다는 사실을 간과한 설명인 것이다.

이데올로기의 풍경

앞서 살펴본 대로 서울과 경복궁에 적용된 풍수는 임금을 위한 '권위 있는 공간 찾기 이론'일 수밖에 없다. 여기서 임금의 권위는 세계의 다른 문명들에서처럼 하늘로부터 부여받았다는 이데올로기에 의해 뒷받침되어야 한다. 따라서 임금이 살면서 나랏일을 보는 경복궁은 하늘로부터 권위를 부여받은 신성한 공간으로 각인되어야 한다. 세종대로사거리에서 북쪽으로 바라보았을 때 보이는 하늘 - 산(북악산 · 북한산) - 경복궁의 3단계의 풍경은 임금이 사는 경복궁이 하늘로부터 권위를 부여받았다는 이데올로기의 상징적 이미지를 구현한 결과이다.

조선뿐만 아니라 근대 이전 다른 문명권의 궁에서도 임금의 권위는 하늘로부터 부여받은 것이라는 이데올로기를 상징적 풍경으로 구현하고 있다. 다만 다른 문명권의 경우 궁을 평지에 조성하였든 낮은 산이나 언덕 위에 만들었든 상관없이 궁이 도시에서 처음으로 보이기 시작할 때부터 하늘 - 궁이란 2단계의 풍경으로 나타난다는 점이 다를 뿐이다. 이와 같은 차이로부터 끌어낼 수 있는 새로운 사실은 하늘 - 산 - 경복궁에서 '산'은 하늘의 권위를 경복궁에 전달하는 매개체라는 점, 그래서 이 산은 경복궁과의 관계 속에서는 '하늘산'이라 부를 수 있다는 점이다.

지금까지 전통도시와 풍수 연구자들은 세종대로사거리에서 경복궁 뒤쪽으로 보이는 북악산을 풍수의 주산(主山), 북한산을 조산(祖山)이라고 보았다. 그러면서 산의 모습이나 산에서 경복궁까지 연결 관계, 즉 지기(地氣)의 흐름이 경복궁에 살고 있는 임금의 권위와 밀접하게 관련되어 있다고 생각하였다. 나아가 주산과 조산, 그리고 경복궁까지 연결된 산줄기는 살아 있는 유기체로 인식하여 돌과 나무 어느 것도 해치지 못하도록 보호하였다고 보았다.

풍수에서는 산을 용으로 이해한다. 그래서 겉으로 보이는 산과 산줄기의 흐름을 통해 땅속에 있어 눈으로는 보이지 않는 지기(地氣)의 흐름을 찾아내는 방법을 '용의 흐름을 보는 방법'이란 뜻의 간룡법(看龍法)이라 한다. 용은 용비어천가에서 말했듯이 땅에서 하늘로 오를 수 있는 상상 속의 동물로, 하늘과 땅을 연결하는 신성한 존재를 상징한다. 따라서 산을 용으로 이해했다는 것은 원래 산이 '하늘 – 산 – 땅(인간세계)'의 관계 속에서 인식되었다는 의미인데, 풍수 전문가들은 여기에서 '하늘'을 없애버렸다. 이 때문에 세종대로사거리에서 바라보는 하늘 – 북악산 · 북한산 – 경복궁의 3단계 풍경에서 기존의 풍수 전문가들은 '하늘'을 보지 못했다.

하늘 – 산 – 땅(인간세계)의 관계에서 하늘이 빠지면 지기의 본질적 의미도 잘못 이해할 수밖에 없다. 풍수에서 지기의 의미에 대한 설명은 굉장히 어려운 수사적인 표현으로 이루어져 있어 그 실체를 논리적으로 설명하기가 거의 불가능하다. 이는 서울과 경복궁에서도 예외가 아니다. 그래서 풍수 전문가들은 경험에 의한 직관으로 감지할 수 있다는 추상적 설명에 그치게 되는데, 결국 논리적으로 설명할 수 없는 종교의 신비 체험과 다르지 않다. 이는 풍수에서 말하는 지기의 존재 유무와 경험 등이 믿음의 영역이지 논리적으로 증명이 가능한 사실의 영역이 아니라는 의미이며, 따라서 이런 풍수는 구체적 형식에서는 기독교 · 이슬람교 등과 다를지 모르지만 실제로는 종교의 한 형태라고 보아야 한다.

풍수의 최고 명당에 들어선 경복궁은 인간세계에서 가장 신성한 공간으로 인식되어야만 하는 곳이자 하늘로부터 권위를 부여받았다는 이데올로기를 풍경 속에 담아내야 한다. 뿐만 아니라 논리체계로도 만들어내야 한다. 그래서 하늘의 기운이 하늘산으로 내려와 지기로 변했고, 그 지기가 산줄기를 따라 땅 속을 흘러 경복궁에서 솟아난다는 논리가 만들어진 것이다.

당연한 것이지만 하늘의 기운이 변한 땅의 기운인 지기 역시 객관적으로 증명될 수 있는 사실의 영역이 아니라 경험에 의한 직관으로만 느낄 수 있는 신성한 믿음의 영역이어야만 한다. 지기가 인간이 객관적으로 증명할 수 있는 것이 되는 순간 경복궁의 신성함은 유지될 수 없다. 결국 서울과 경복궁에서 지기는 객관적 실체라기보다 하늘산을 매개로 하늘의 권위가 경복궁까지 연결된다는 이데올로기를 합리화하기 위해 만들어진 인위적 개념일 뿐이다.

서울에서 경복궁, 그중에서도 가장 중요한 근정전이 지기가 가장 잘 발현되는 장소라는 인식이 형성되게끔 만든 풍수의 또 다른 요소는 주산인 북악산을 중심으로 왼쪽(東)으로 뻗어 내린 좌청룡인 타락산, 오른쪽(西)으로 뻗어 내린 우백호인 인왕산, 앞쪽(南)에 솟아난 안산인 남산으로 둘러싸인 지형을 들 수 있다. 풍수에서는 이러한 분지 지형을 지기가 가장 왕성하게 발현될 수 있는 전형적인 명당 형세를 이루고 있는 것으로 본다. 아무리 주산인 북악산의 모습이 웅장하고 그로부터 경복궁까지 뻗어 내린 산줄기의 흐름이 뚜렷하다고 하더라도 좌청룡·우백호·안산의 산줄기로 둘러싸여 있지 않고 앞쪽으로 탁 트인 지형이었다면 풍수에서는 그곳을 명당으로 인식하지 않는다.

좌청룡·우백호·안산의 역할에 대해 풍수 전문가들은 주산인 북악산에서 산줄기의 흐름을 타고 흘러내려 경복궁에서 솟아난 지기(地氣)가 바람을 타고 흩어지지 않도록 한다고 본다. 이를 한자의 뜻 그대로 '바람을 가두는 방법'이란 뜻의 장풍법(藏風法)이라고 하는데, 서울처럼 주산–좌청룡–우백호–안산의 산과 산줄기로 둘러싸인 분지 지형을 가장 좋은 형세로 보고 있다. 하지만 이것 역시 객관적으로 증명할 수 있는 사실의 문제가 아니라 경험적 직관으로만 인지할 수 있는 믿음의 문제로, 풍수의 논리를 종교처럼 선험적으로 받아들여야만 이해할 수 있을 뿐이다. 종교와 마찬가지로 믿음의 문제이기 때문에 현재의 풍수를 둘러싼 찬반 논쟁은 소모적이 될 수밖에 없다. 따라서 믿음을 넘어서 사람들의 보편적 심리와 풍수에 담겨 있는 시각적 효과로서 설명하는 것이 합리적이며 학문적 접근을 가능하게 한다.

지금까지 풍수에 대한 학문적 논의는 많이 나왔지만 대부분 앞의 인용처럼 신비스럽고, 추상적인 논의에서 벗어나지 못했다. 간혹 풍수가 가진 실용적 측면에 주목하기도 했지만 이런 주장은 반대로 사상으로서의 풍수를 제대로 포착해내지 못했다. 그 결과, 풍수는 그 가치를 제대로 인정받지 못하고, 한쪽에서는 한물간 미신으로, 다른 한쪽에서는 복고적 향수로 이해되고 있다. 하지만 풍수는 그처럼 쉽게 넘어갈 사상이 아니다. 우리 선조들은 권위의 표현이라는 보편적 문제에 대한 특수한 해답을 다름 아닌 풍수라는 방정식을 통해 찾아내었다.

여기서 다시 서울과 경복궁이 만들어지는 과정에서 나타난 상황을 되짚어보기로 하자. 첫째, 수도로서 서울의 입지 선택과 도시의 설계에 가장 중요한 사상적 토대가 되었던 것은 풍수였다. 둘째, 경복궁에서는 하늘-산-건축물의 3단계 풍경을 통해 인간세계의 최고 통치자인 임금의 권위가 하늘로부터 부여받았음을 상징적 이미지로 만들어냈다. 셋째, 상대적으로 낮고 화려하지 않은 건축물의 조영을 통해 높고 웅장하며 화려한 건축물의 권위 표현과 동일한 효과를 발휘하는 독특한 건축 양식을 탄생시켰다. 결국 권위의 표현이라는 목적을 위해 사용된 것이 풍수의 논리였고, 풍수의 논리에 따라 발생한 시각적 산물이 바로 3단계 풍경이다. 이처럼 풍수는 서울의 풍경을 바꿨을 뿐만 아니라 이데올로기적 풍경으로서 오랜 시간 그 자리를 지켜왔다. 우리 풍경을 이해하기 위해서 풍수가 가진 다채로운 면모를 분석하는 작업이 반드시 선행되어야 하는 이유이다.

5

장소가 남긴 역사의 풍경

거대도시 경주의 풍경

현재 경주에는 무덤을 제외하면 온전하게 전해지는 신라 건축물이 없다. 따라서 신라 당시에 건축물 조영에 풍수가 적용되었는지의 여부를 정확하게 판단하기 어렵다. 다만 남아 있는 탑터의 위치나 규모 등으로 볼 때 도시 내부에서는 풍수가 적용되지 않았음을 짐작할 수 있다.

신라에는 약 79m● 높이의 황룡사 9층 목탑을 포함하여 분황사모전석탑, 2개의 사천왕사 목탑, 2개의 망덕사 목탑 등 높이 30~40m 안팎의 높은 탑이 꽤 있었던 것으로 추정된다. 풍수의 논리로 선택된 명당에 만들어진 건축물 중 이렇게 높은 것은 없기 때문에 이 탑들은 풍수가 적용되지 않았음을 보여주는 사례가 될 수 있다. 이밖에도 경주가 북천-서천-남천으로 둘러싸인 평지에 조성된 도시여서 산으로부터 멀리 떨어져 있었고, 궁궐 중 하나인 월성에 물리적 방어력을 높이기 위해 높은 성벽과 넓은 해자를 설치하였기 때문에 풍수의 원리가 적용되기 어려웠을 것이다.

이와 같은 지형 조건 때문에 풍수가 유행했던 조선시대에도 경주는 주산-좌청룡-우백호-안산 같은 풍수의 개념이 전혀 등장하지 않는 도시가 되었다. 높은 탑의 존재, 지형적 조건 등을 고려할 때 월성의 궁궐이나 황룡사의 금당 등 경주시내에 있던 신라의 건축물들은 조선과 전혀 다르게 높고 웅장하며 화려한 모습으로 만들어졌다.

감은사지 전경(앞 페이지)

감은사는 문무왕 수중릉으로 알려진 대왕바위 근처에 있다. 과거 감은사지의 진입로는 현재 논밭과 도로로 변해서 정면 방향을 제대로 감상하기 어렵다. 대부분의 관람객들은 진입로를 지나쳐서 감은사지 오른쪽에 만들어진 주차장을 통해 절터로 올라가 탑을 감상하고 돌아간다. 감은사지뿐만 아니라 많은 유적지가 이렇게 주차장에서부터 관람을 시작하게끔 동선이 짜여 있다. 문화유산을 제대로 감상하기 위해서는 문화재 자체도 중요하지만 문화재가 만들어내는 풍경을 감상하는 것이 필요하다. 그러기 위해서는 절의 건축자가 의도했던 대로 원래 정문 진입로에서부터 문화재를 감상하는 것이 중요하다.

●
당시 고려척으로 환산한 높이. 당나라의 단위로 환산하면 67m가량으로 추정된다.

하지만 세계 다른 나라의 건축물과 비교하면 오히려 신라의 건축물이 더 보편적인 모습에 가깝다.

그 많던 높은 목탑들은 어디로 갔을까?

600년대 후반까지 찾을 수 없는 양택풍수의 흔적은 경주 외곽에서부터 나타나기 시작한다. 현재까지 전해지는 신라의 건축물로 대표적인 것은 석탑이다. 신라시대 석탑은 경상도를 중심으로 전국각지에 많이 분포하고 있다. 신라의 탑은 분황사모전석탑을 제외하면 목탑에서 석탑으로 전환되면서 급격하게 작아지는 모습을 보인다.
현전하는 신라 석탑 중 가장 높은 것이 충주시의 탑평리 7층 석탑인데, 높이가 14.5m이다. 통일신라시대에는 안동과 영양 등 일부 지역에서 전탑도 만들어지는데, 가장 높은 것은 안동시의 신세동 7층 전탑으로 높이가 17m이다. 이는 이전 시대 신라, 백제, 고구려의 목탑, 중국의 목탑과 전탑, 일본의 목탑에 비해 매우 낮은 높이다. 석탑의 규모가 작아진 이유가 무엇일까? 우리나라에 화강암이 풍부하여 석탑을 많이 만들었고, 석탑을 만들다보니 작아졌다고 보는 견해가 지금까지 대세였다. 하지만 이는 선후관계가 뒤바뀐 주장에 가깝다. 오히려 작은 탑을 만들기 위해 돌을 이용한 것으로 보는 것이 타당하다.

중국의 전탑, 즉 벽돌탑을 모방하여 돌을 벽돌처럼 깎아서 만든 분황사 모전석탑을 제외하면 신라 최초의 석탑은 두 탑이 한 쌍을 이루고 있는 감은사지 3층 석탑이다. 3층 석탑은 682년 신문왕이 아버지인 문무왕의 뜻을 기리기 위해 창건했다는 감은사와 함께 만들어진 것으로 추정된

탑평리 7층 석탑(위)과 신세동 7층 전탑(오른쪽)

탑평리 7층 석탑은 남아 있는 신라 석탑 중 가장 높은 탑으로 높이가 14.5m이다. 신세동 7층탑은 벽돌로 쌓아올린 높이 17m의 전탑으로 현존하는 신라 탑 중 가장 높다. 거대목탑들이 많았던 삼국시대와 달리 통일신라 이후에는 10m 안팎의 3층 석탑이 주류가 되었다.

다. 감은사 3층 석탑은 신라 최초의 3층 석탑이라는 점에서 주목받지만, 이보다 더 중요한 사실은 무덤에만 적용되었던 풍수가 사찰로 확장되었음을 알려주는 중요한 문화재라는 사실이다.

낮은 석탑이 만든 감은사의 3단계 풍경

현재 감은사터와 두 개의 3층 석탑은 문무왕의 수중릉으로 알려진 바대왕바위 해변가와 1km도 떨어지지 않은 경주시 양북면 용당리에 있다. 이곳을 방문하는 사람들은 929번 지방도로인 감은로를 따라가다가 90° 방향으로 꺾인 좁은 마을길로 들어가 감은사지 바로 옆의 주차장에 차를 세우고 감은사지에 올라간다. 하지만 이렇게 방문하면 감은사터와 두 개의 3층 석탑 자체만 구경할 수 있을 뿐, 감은사 전체의 풍경을 감상할 수 없다. 옛날에는 감은사를 걸어서 방문할 때 멀리 진입로에서부터 전체의 풍경을 볼 수 있었다. 감은사와 석탑의 설계자는 그 속에 상징적 이미지를 담아내고자 의도했을 것임이 분명하다. 그래서 감은사 전체의 풍경을 볼 수 있는 위치가 중요해진다. 전통건축물 문화유산은 대상 자체만 협소하게 감상하면 많은 것을 놓치게 된다. 진입로를 포함한 전체 풍경을 같이 봐야만 비로소 문화유산의 온전한 면모를 감상할 수 있다. 목적지까지 가는 과정이 목적지 못지않게 중요한 것이다. 하지만 현실은 이에 대해 무감각할 뿐 아니라 인지조차 못하고 있다. 이런 진입로의 문제는 비단 감은사에만 국한되지 않는다. 정문을 거쳐 진입로에서 천천히 걸어오면서 감상하는 것은 고사하고 옆이나 뒤쪽에 마련된 주차장에 내려서 본건물만 보고 다음 장소로 이동하기 바쁘다. 분명 보긴 봤는데 정문이 어딘지조차 모르는 이상한 답사이다. 이래서야 건축자의 의도를 이해할 수 없다.

감은사를 제대로 감상하기 위해서는 원경부터 바라봐야 한다. 감은사터와 두 개의 3층 석탑은 서남–동북 방향의 축을 기준으로 좌우대칭형으로 건설되어 있는데, 감은사터 뒤쪽의 산줄기는 거의 일직선으로 서북–동남 방향을 취하고 있다. 이것은 감은사터의 방향이 뒤쪽 산줄기의 방향과 90°를 이루도록 의도적으로 잡혔음을 의미한다. 정면에서 바라보았을 때 해발 약 130m의 산을 정확하게 등진 감은사를 짓기 위해서였다. 그 결과 정면에서 진입하면서 감은사터를 바라보면 세종대로사거리에서 경복궁 방향을 바라보았을 때의 풍경과 동일한 구도인 하늘–산–감은사의 3단계 풍경이 눈앞에 펼쳐진다.

이와 같은 3단계 풍경에서는 건축물을 높게 만들어봐야 웅장하게 느껴지지 않는다. 대신에 건축물을 높고 웅장한 산, 즉 하늘산과 합일되는 느낌이 들게 만들면 높은 건축물을 짓는 것과 동일한 권위 표현의 효과를 낼 수 있다는 것도 앞에서 말한 그대로다. 감은사의 설계자가 진입로의 방향을 정남이나 정동이 아니라 부자연스러운 서남 방향을 취한 것 역시 이런 시각적 효과를 고려한 것이 분명하다. 그 결과 남게 된 것이 바로 경주시내의 높고 거대한 목탑에 비하면 매우 낮은 높이 13.4m의 3층 석탑 두 개다.

감은사의 설계자는 당시 경주시내에 있는 거대한 목탑들과 분황사모전석탑을 알고 있었을 것이다. 그럼에도 불구하고 훨씬 작은, 왜소하고 초라하게 보일 수밖에 없는 높이와 크기의 3층 석탑을 만들었다. 당시로서도 굉장히 혁신적인 시도였을 것이다. 이러한 변화는 이를 뒷받침하

감은사지 3층 석탑

신라 최초의 3층 석탑인 감은사지 3층 석탑은 당시 경주시내에 세워졌던 높은 탑들에 비해 작은 규모이다. 경주를 벗어나 산이 배경에 놓이면서 새로운 변화가 일어나기 시작했다는 점에 주목할 필요가 있다.

는 새로운 논리가 없다면 일어나기 힘들다. 그리고 이 새로운 논리가 바로 높고 웅장한 대상을 산으로 대체하면서 탑과 대웅전 등의 건축물은 산과 일치되는 크기로 만드는 것이었다. 법흥왕릉 이후 다수의 무덤에서 사용되던 원리를 탑에 적용한 것이다.

사실 감은사터의 주변 지형을 살펴보면 풍수에서 가장 좋은 명당 지형인 주산·좌청룡·우백호·안산·명당수의 조건이 모두 충족되는 것은 아니다. 하지만 하늘－산－건축물의 3단계 풍경을 통해 하늘로부터 권위를 부여받은 신성한 존재로서의 부처를 사찰과 대웅전에 상징적으로 표현하고 있다. 비록 원시적 형태이지만 감은사터가 풍수의 궁극적 목표를 전달하려는 기본적인 틀을 갖추었음을 보여준다.

감은사 조성 이후에도 경주시내의 사천왕사·망덕사·보문동사 등에 높고 큰 목탑이 만들어졌지만 주변 산지사찰에는 불국사의 석가탑과 다보탑 같은 작은 석탑이 일반화되었다. 지방에서도 남원의 실상사 목탑터 같은 예외적인 경우가 발견되기는 하지만 작은 석탑은 유행이 되면서 숫자를 헤아리기 어려울 정도로 많이 세워졌다. 점차 새로운 논리에 입각한 작은 석탑이 이전의 거대한 목탑을 대체하는 경향성을 뚜렷하게 보여주면서 주류가 된다. 비록 모든 사찰들이 주산·좌청룡·우백호·안산·명당수의 지형을 취하고 있는 것은 아니지만 대부분 산을 매개체로 하여 권위를 표현하는 기본 틀을 갖추었다는 점이 중요하다.

작은 석탑이 있는 산지사찰의 경우, 불국사, 화엄사, 부석사 같이 모두 가까이 다가가기까지 밖에서는 주요 건축물을 전혀 볼 수 없을 정도로 산속에 깊숙이 들어가 있는 느낌을 주게 만들어졌다. 목조 부분이 후대에 중건됐음을 고려하더라도 현재까지 전해지는 신라의 산지사찰 중 이와 같은 특징에서 벗어나는 경우는 거의 없다. 평지나 평지에 가까운 비탈에 들어선 사찰들도 주위 산을 등지고 들어섰다. 전체 절터의 형태가 잘 발굴된 충남 보령시의 성주사지에는 작은 5층 석탑과 3층 석탑이 있는데, 이 두 석탑 역시 서북쪽 약 500m의 산을 등지고 동남쪽을 향한 평지에 세워졌다. 경남 창녕의 서로 다른 절터에 있는 술정리 동3층 석탑과 서3층 석탑의 경우 서쪽에서 바라보면 동쪽의 화왕산(757m)을 등지고 있다. 경북 의성군 금성면의 탑리 5층 석탑도 동쪽의 금성산(531m)을 등진 채 있으나 현재 탑을 향한 입구가 남쪽으로 나 있었던 것처럼 꾸며져 있다. 이처럼 우리나라에는 산속 깊은 곳에 자리 잡은 산지사찰이 일반적이지만 다른 나라에서는 이런 형태를 찾아보기 어렵다. 설령 사찰이 산에 세워졌다고 하더라도 대부분 산속이 아니라 산 정상이나 산등성에 우뚝 솟은 형태로 세워졌다.

여기서 중요한 점은 사찰이 죽은 자의 공간인 무덤과 달리 살아 있는 사람들의 공간이라는 사실이다. 682년 감은사 창건 이후 신라에서 유행한, 산속에 있거나 산을 등진 사찰에는 모두 양택풍수의 흔적을 찾을 수 있다. 그중에는 주산·좌청룡·우백호·안산·명당수의 세련된 풍수 지형이 갖춰진 곳도 있고, 그렇지 않은 곳도 있다. 그러나 큰 틀에서는 높고 웅장한 산과 상대적으로 낮고 소박한 건축물의 일치를 통해 하늘과 연결된 권위를 표현하려 한 양택풍수의 큰 틀을 따르고 있는 것이다. 즉, 무덤에만 적용되던 풍수가 사찰을 시작으로 살아 있는 사람들의 공간으로 퍼지기 시작한 것이다. 애초에 죽은 자의 권위를 확보하기 위해 시작된 음택풍수가 점차 양택풍수로 발전한 것처럼 감은사를 기점으로 3단계 풍경의 원리가 살아 있는 사람들의 공간으로 그 범위를 넓힌 것이다.

신라에서 도시나 궁궐이 아닌 사찰에서 양택풍수의 흔적을 먼저 찾을 수 있게 된 이유는 무엇일까? 첫째, 사찰은 불교의 의식과 교육이 이루어지는 장소여서 권위가 필요한 곳이다. 둘째, 사찰은 물리적 방어력을 반드시 갖추지 않아도 되기 때문에 양택에 해당되는 도시나 궁궐보다 풍수를 적용하는 데 훨씬 수월한 공간이다. 그러므로 신라에서 양택풍수가 사찰터의 선정과 건축에 상대적으로 쉽게 적용·확산될 수 있었던 것이다. 하지만 그렇다고 하여 사찰에 양택풍수가 자연스럽게 확산되었다고 보면 안 된다. 중국에서는 한반도와 마찬가지로 풍수가 정연한 논리 체계를 갖추고 있었지만 어느 지형에 있든 높고 웅장한 건축물과 탑이 일반적이었다. 이처럼 중국에서는 사찰을 세울 때 양택풍수가 적용됐다고 보기 어렵고, 마찬가지로 음택풍수에서 양택풍수로의 이행이 일반적으로 자연스러운 현상이었다고 볼 수도 없다.

현재로서는 감은사 이후 신라 사찰에서 양택풍수가 유행하게 된 구체적인 과정과 이유까지 소상하게 밝히기는 어렵다. 다만 법흥왕릉 이후 무덤에서 유행하던 방식을 사찰에 적극적으로 끌어들였다는 점만큼은 분명하다. 이러한 사실은 통일신라 말기 풍수설의 대가로 알려진 승려 도선(827~898)을 통해서도 알 수 있다. 감은사 창건 이후 사찰에서 양택풍수가 널리 유행했기에 도선과 같은 인물이 등장했으며, 그의 일화들이 지금까지도 회자되는 데에는 이런 배경이 숨어 있는 것이다.

목탑에서 석탑으로

감은사 이후 갑작스런 탑 크기의 축소 경향은 목탑에서 석탑으로 바뀌면서 생긴 부산물이라고 여겨졌다. 하지만 앞에서 알아본 것처럼 이는 원인과 결과를 뒤바꾼 것이다. 탑을 지을 때 가장 우선적으로 고려되는 요소는 크기이다. 탑의 규모와 높이에 따라 재질과 그 밖의 요소를 바꾸는 것이지 그 반대가 될 수 없다. 배보다 배꼽이 더 클 수 없는 법이다. 따라서 석탑을 만들기 시작하면서 크기가 작아진 것이 아니라 크기를 작게 만들면서 석탑이 유행하게 된 것이라고 보아야 한다.

석가탑

감은사지 3층 석탑과 석가탑은 같은 3층 석탑이지만 전혀 다른 느낌을 준다. 초기 3층 석탑인 감은사지 3층 석탑은 화강암을 사용한 목탑 양식으로 육중함과 웅장함을 강조하고 있다. 반면 8세기 중반의 대표작으로 꼽히는 불국사의 석가탑은 아름다운 비례와 날렵함을 구현했다.

감은사에서 나타난 하늘 – 산 – 건축물이란 3단계의 상징 풍경은 건축물의 규모를 거대하게 만들지 않으면서 시각적으로 권위를 표현하는 방법이었다. 그렇기 때문에 탑의 규모도 이전과 달리 작게 만들어야만 했는데, 목탑의 경우 10m 안팎으로 작아지면 재질상 상당히 초라해 보이기 때문에 육중하게 보일 수 있는 화강암을 선택한 것이다. 감은사 3층 석탑을 본 적이 있는 독자라면 사진으로 봤을 때보다 체감상 훨씬 웅장해 보인다는 데 공감할 것이다. 감은사지 3층 석탑의 높이는 13.4m 정도지만 직접 보면 결코 작다거나 초라하게 보이지 않는 것도 화강암이 주는 육중한 무게감 때문이다. 이 탑은 초기의 3층 석탑으로 기존 거대 목탑의 요소를 갖추고 있어서 후대에 지어진 날렵한 3층 석탑과 또 다른 느낌으로 다가온다. 석탑이 일반화되기 전 고구려, 백제, 신라에서는 모두 높고 큰 목탑이 발달하였기 때문에 양식상으로도 규모가 작아지고 석탑으로 바뀌면서도 기본적인 양식은 목탑의 형태를 따랐다.

하지만 이후 불국사 석가탑에서 시작되어 신라 전 지역으로 확산되었다는 전형적인 신라 3층 석탑의 경우, 초창기의 감은사지 3층 석탑이나 고선사지 3층 석탑의 육중함보다는 비례의 아름다움을 표현하기 위해 더 작으면서도 날렵한 모습으로 변했다.

궁예, 견훤, 왕건, 그리고 도시 삼국지

궁예는 896년 왕건의 아버지 왕륭의 제안에 따라 개성 건설을 명하고, 수도로 삼는다. 그러나 905년 궁예는 다시 수도를 철원으로 옮긴다. 903년 궁예는 철원으로 수도를 옮기려고 직접 가서 둘러본 다음 해에 나라 이름을 마진(摩震)이라 하고 연호를 무태(武泰)로 고쳤다. '마진'은 불교의 범어인 '마하진단'의 줄임말으로, '마하'는 '크다'는 뜻, '진단'은 원래 '진나라 사람이 거주하는 땅'을 가리키다가 동방 전체를 가리키는 의미로 변했다고 한다. 따라서 마진은 '동방의 큰 나라'란 뜻으로, 궁예가 한반도의 후삼국통일이 아니라 중국을 비롯한 동방 전체를 아우르는 나라를 건설하고자 했음을 짐작할 수 있다. 그는 철원에 건설한 수도에도 그러한 꿈을 담아내려 했다.

철원은 우리나라 내륙에서 가장 넓은 평지 지역으로, 궁예의 철원도성은 현재 강원도 철원군 철원읍 홍원리의 비무장지대에 있다. 이곳은 철원에서도 가장 큰 평야가 펼쳐진 풍천원의 한가운데에 있는데, 산과 산줄기가 가장 멀리 떨어진 평지에 수도를 건설했다. 도시는 둘레 4,370m의 외성과 둘레 577m의 내성 구조로 좌우대칭의 직사각형 형태이며, 궁궐이 들어서 있던 내성은 도시의 북쪽에 자리 잡고 있었다. 여기서 재미있는 사실은 궁예의 철원도성의 구조가 당나라의 수도였던 장안과 동일하다는 점이다.

당시 300년 가까이 동아시아의 대제국을 이루었던 당나라는 천하제패를 상징하던 나라였다. 당나라는 황소의 난 등으로 이미 완전히 기울어져 가다가 907년에 후량에 의해 멸망하였다. 이후 송나라가 다시 통일한 960년까지 5대10국시대의 혼란에 빠졌는데, 궁예는 당시 기울어가던 당나라의 상황을 인식한 후 한반도만이 아니라 중국대륙까지도 통일하고자 했다. 이 꿈을 철원의 수도 건설에 담아내고자 당나라의 수도 장안과 동일한 구조로 도시를 만들었던 것이다. 반대로 얘기하면 이전 수도였던 개성이 그의 꿈을 담고 있지 못하다고 판단하여 버린 이유이기도 했다. 만약 궁예가 후삼국을 통일했다면 중국적인 평지수도가 대세를 이루었을지도 모른다.

그런데 후삼국시대의 영웅호걸로 궁예만 있었던 것이 아니다. 후백제를 건설한 견훤은 후삼국을 통일하지 못하였고, 그의 꿈과 이상이 역사 속에 묻힌 채 전해지지 않게 되었다. 그렇지만 당시에는 후삼국을 통일할 수 있었던 유력한 인물이었다. 892년 견훤은 지금의 광주인 무진주를 점령하여 후백제를 세우고 왕위에 올랐으며, 900년 지금의 전주인 완산주로 천도하였다. 927년 고려의 왕건과 지금의 대구 팔공산인 공산에서 싸워 고려군 5,000명을 거의 몰살시키고 왕건이 간신히 목숨만 건지는 대승을 거두기도 했다. 하지만 929년에는 고려의 왕건과 지금의 안동인 고창군에서 싸워 후백제군 8,000여명이 사망하는 대패를 당하면서 국력이 기울기 시작했고, 935년 아들 신검에 의해 강제로 폐위된다. 견훤은 금산사에 유폐 당하지만 탈출해서 적이었던 왕건에게 투항한다. 견훤은 936년 고려군으로 후백제군과의 마지막 전투에 참여해서 자신이 세운 후백제의 멸망을 지켜보고 이후 병으로 사망하였다.

견훤이 수도로 정했던 전주에서 궁궐은 전주 시내 동남쪽에 있는 승암산(306m) 정상을 둘러싼 둘레 1,574m의 석축 동고산성에 있었다. 이곳에서는 신라 9주의 하나였던 전주를 가리키는 전주성이라고 새겨진 기와가 발견되었고, 오랫동안 구전으로 전해지던 후백제의 왕궁터가 발굴되었다. 고대부터 고려 전반기까지 수도를 제외한 모든 고을의 중심도시가 산성이나 절벽 지형의 요새로 구축된 성에 있었다. 통일신라 9주의 하나였

철원 도성 복원도

궁예는 중국 도성을 본따 평야지대인 철원에 도성을 세움으로써 자신의 웅대한 이상을 담아냈다. 사각형의 도성과 직선으로 뻗은 도로망에서 알 수 있듯이 한양보다 중국의 도성과 훨씬 닮아 있다.

후백제의 견훤이 수도로 삼았던 동고산성

견훤의 궁궐이 있었던 동고산성은 평야지대인 철원과 달리 낮은 산정상에 자리를 잡고 있다. 삼국시대와 후삼국시대의 많은 도시들이 동고산성처럼 방어에 유리한 구릉지대에 위치하고 있다.

던 전주성 역시 동고산성에 있었는데, 견훤은 그곳을 이용하여 궁궐을 만들었다.

동고산성은 이후 고려 시대 말과 조선시대에 전주읍성을 쌓고 수리하는 데 상당수의 성돌을 빼다 쓴 데다 세월이 흐르면서 성벽 대부분이 무너져 흙 속에 묻혔다. 지금은 나무가 우거져 성벽 흔적을 찾기도 쉽지 않다. 하지만 후백제의 도성이었을 당시만 하더라도 동고산성은 주변에 더 높은 지형이 없기 때문에 높지 않은 성벽으로도 방어가 용이했고, 멀리서 바라보아도 우뚝 솟은 산 위의 성벽과 궁궐의 웅장함은 후백제의 권위를 보여주는 데에 충분했을 것이다. 이곳은 풍수와는 아무런 관련이 없는 장소로, 견훤이 당시 사찰에서 유행하던 풍수를 수도 건설에 적용하지 않았음을 보여주는 증거이다. 궁예와 마찬가지로 견훤이 후삼국을 통일했다면 우리나라에는 유럽을 비롯한 다른 문명권에서 자주 나타나는 산성 또는 언덕 위의 도시가 일반화되었을지도 모른다.

고려와 후백제 사이에서 간신히 명맥을 이어가던 신라 역시 독자적인 나라로서 존속하기 위해 끊임없이 노력했으나, 마지막 임금인 경순왕이

위에서 내려다 본 경주 시가지 원경

천년고도 경주는 풍수적으로 명당과 거리가 멀다. 경주는 산과 멀리 떨어져서 하천을 낀 평야지대에 자리 잡고 있다. 평야지대에 입지한 도시가 세계적으로 꽤 있는 편이지만 방어에 좋은 구릉에 만들어진 도시가 더 많았다.

935년 고려에 항복하면서 결국 멸망했다. 신라의 수도 경주 역시 평지 위에 세워진 도시로, 풍수의 원리와는 관련이 없다.

통일신라에서는 국가 운영의 근간이었던 골품제를 통해 지방 출신을 철저하게 차별하였는데, 지방 출신의 호족들은 항상 진골–6두품보다 낮은 3류 지배층으로 머물러야 했다. 800년대 말부터 통일신라가 흔들리기 시작하자 지방 출신의 호족들은 이 위기를 1류 지배층으로 올라가고 싶은 욕구 실현의 기회로 삼았다. 그 결과, 신라–후백제–후고구려(마진·태봉 또는 고려)의 후삼국시대로 정립되었다. 그 과정에서 신라의 수도 경주 이외에 궁예·견훤·왕건이란 영웅호걸을 주축으로 통일신라와는 전혀 다른 새로운 국가 건설의 이념을 담아 서로 다른 원리를 적용하여 건설한 세 개의 도시가 출현하였다.

이처럼 신라 후기에 무덤을 넘어 사찰에까지 풍수가 적용되긴 했어도 도시에, 더군다나 한 나라의 도읍을 정하는 데 풍수를 적용하는 것은 당시만 해도 결코 자연스러운 일이 아니었다. 역사에 '만약'이란 것은 없다고 하지만 결정론적 발전사관을 극복하기 위해서는 특정 시기, 그중에서도 변혁기에는 다양한 가능성이 공존했다는 점을 잊지 말아야 한다. 현재를 기준으로 과거의 사건을 역사적으로 당연하게 또는 반드시 일어날 수밖에 없는 사건이었다고 이해하는 것은 위험하다. 앞에서 살펴본 것처럼 후삼국시대 풍수의 원리로 만들어진 수도인 개성은 당시 존재했던 수도 중의 하나였고, 다른 철원, 전주, 경주는 풍

풍수의 확장과정

풍수는 죽은 자의 권위와 위세를 보여주는 공간을 찾기 위해 시작되었다. 이것을 음택풍수라고 하는데 이처럼 죽은 자의 공간인 무덤에서 시작한 풍수는 한반도에서 점차 영향력을 확장한다. 무덤에서만 사용되던 풍수는 통일신라부터 사찰에 적용되기 시작하면서 살아있는 자의 공간(양택풍수)으로 확장된다. 고려의 수도 개성의 건설에 이르면 도시 단위로까지 확장된다.

수의 원리가 적용되지 않은 도시였기 때문이다.

풍수가 무덤과 사찰을 넘어 도시 전체에까지 정착한 결정적인 계기는 개성이 고려의 도읍으로 확정되면서부터이다. 개성은 도시의 조성과 도읍 선정, 입지, 구조, 상징 등 여러 면에서 풍수가 중요한 핵심 논리로 작용한 최초의 도시였다. 왕건이 사찰에서 유행하던 풍수의 원리를 적극적으로 받아들여 건설한 수도인 개성은 새로운 통일왕국 고려의 유일한 수도가 되었다. 이렇게 하여 산과 산줄기를 도시 깊숙이 끌어들여 '하늘－하늘산－궁궐'이란 3단계의 상징 풍경을 구현하고 상대적으로 낮으면서 웅장하지 않은 건축물을 통해 권위를 표현한 양택풍수가 한반도에서 수도와 궁궐의 권위를 표현하는 원리로 정착되었다. 이후 풍수는 조선시대를 거쳐 지금까지 이어지면서 확고부동한 전통사상으로 우리나라 사람들의 인식에 많은 영향을 미치게 된 것이다.

개성은 최초의 풍수 도시였다

우리가 실제 생활하는 공간, 즉 양택을 대표하는 도시와 궁궐에 산과 산줄기를 깊숙이 끌어들여야 하는 풍수가 적용되기 힘들다는 것은 앞에서 자세하게 살폈다. 그럼에도 불구하고 조선의 수도 한양에서 도시의 입지와 간선도로망, 궁궐·종묘·사직을 비롯한 중요 건축물의 터 선정에 풍수가 적용되었다는 사실은 그 원인과 기원에 대한 이해 없이는 미스터리로 여겨질 수밖에 없다. 하지만 이 사건은 갑자기 발생한 것이 아니라 기존의 전통을 이어받은 것이었다. 사찰에서 시작되어 퍼져나간 양택풍수가 도시에까지 적용된 것인데, 도시와 궁궐 등의 조영에 풍수의 논리를 적극적으로 적용한 최초의 도시는 한양이 아니라 고려의 수도 개성이었다.

> 세조(왕건의 아버지)는 그때 송악군의 사찬이었는데, 건령 3년 병진(896)에 고을을 들어 궁예에게 복종하였다. 궁예가 크게 기뻐하면서 금성태수로 삼자 세조가 그에게 말하였다. "대왕께서 만약 조선 · 숙진 · 변한의 땅에서 임금이 되고자 한다면 먼저 송악에 성을 축조하여 내 아들을 성주로 삼는 것만 같은 것이 없습니다." 궁예가 그의 말을 따라 태조(왕건)로 하여금 발어참성(勃禦塹城)을 쌓게 하고는 곧 성주(城主)로 삼았는데, 그때 태조의 나이가 스무 살이었다.
>
> —『고려사』 권1 세가 1

태조 왕건이 897년에 쌓은 발어참성은 보리참성(菩提塹城)이라고도 하는데, 이는 밀떡성을 한자로 표기한 것으로 고려 수도 개성의 궁성을 둘러싼 둘레 약 8.7km의 황성을 가리킨다. 『고려사』에는 "광화 원년 무오(898)에 궁예가 송악으로 수도를 옮겼는데, 태조가 와서 보자 정기대감이란 벼슬을 내렸다"고 기록되어 있다. 하지만 궁예는 903년에 철원으로 도읍을 옮기려고 직접 둘러본 다음 905년에 철원으로 천도하였다. 그리고 918년 역성혁명을 통해 궁예를 몰아내고 고려를 세운 태조 왕건은 이듬해인 919년 봄 정월에 "송악의 남쪽에 수도를 정하여 궁궐을 만들고 세 개의 성, 여섯 개의 상서, 아홉 개의 절을 두었으며, 시전을 만들고, 방리와 오부를 나누었으며, 육위를 두었다"고 한다.

개성 만월대의 정궁은 서북쪽의 송악산(488m)을 주산으로 하여 동남쪽을 향해 들어서 있다. 송악산에서 왼쪽(동)으로 뻗은 좌청룡이 자남산(103m), 오른쪽(서)로 뻗은 우백호가 오공산(204m)으로, 오공산에서 자남산 방향으로 안산의 낮은 산줄기가 형성되어 있다. 또한 오공산 남쪽으로 뻗은 산줄기가 다시 남쪽을 돌아 바깥쪽 안산인 용수산(178m)의 줄기가 되고, 송악산에서 자남산 밖으로 뻗은 산줄기는 남쪽으로 뻗으며 바깥쪽 좌청룡이 된다.

개성은 주산인 송악산을 중심으로 산줄기가 겹겹이 둘러싸인 지형을 하고 있어, 풍수에서 가장 좋은 명당의 조건을 갖추고 있다. 조선 초기 서울로의 천도를 논할 때 풍수적으로 수도로서 가장 좋은 곳이 개성이고 그 다음이 한양이라고 언급한 것이 괜한 것이 아님을 한눈에 알 수 있는 지형이다. 그 어떤 기록보다도 이와 같은 개성의 지형과 만월대의 위치 자체가 수도와 궁궐의 입지를 선정하는 데에 풍수가 가장 중요하게 작용했음을 생생하게 보여주는 증거라고 할 수 있다.

개성은 외성 – 내성 – 황성 – 궁성이 4중으로 둘러싸고 있었는데, 후삼국시대와 고려 초기까지는 황성 – 궁성 2개만 있었다. 그런데 황성의 정문은 한양과 달리 남문인 주작문이 아니라 동문인 광화문이었다. 외성에서 보면 남북대로는 남문인 회빈문에서 시작하여 내성의 남문을 지나고 황성의 동문인 광화문 오른쪽까지 연결되는데, 지형상 직선의 형태를 취하지 못했다. 동서대로는 서문인 선의문과 동문인 숭인문을 연결하는데, 남북대로처럼 직선의 형태를 취하지는 않았다. 남북대로와 동서대로가 만나는 십자로(十字路)는 내성의 남문 밖에 있었다.

이러한 간선도로망을 따라 만월대의 정궁을 방문하는 사람들은 외성의 어느 방향에서 들어오더라도 황궁의 정문인 광화문 앞에 도착할 때까지 만월대 정궁을 볼 수 없다. 남북대로를 따라 광화문 앞에 도착하여 서쪽으로 90°를 꺾어 광화문에 들어서고, 다시 궁성의 정문인 승평문 앞에서 북쪽으로 90°로 꺾어서 바라보아야 비로소 만월대의 정궁 모습을 볼 수 있다. 이 지점에서 보이는 풍경이 바로 하늘 – 송악산 – 궁궐(승평문 또는 신봉문)의 3단계 풍경이다. 승평문 또는 신봉문에 다가가면 그렇게만 커보였

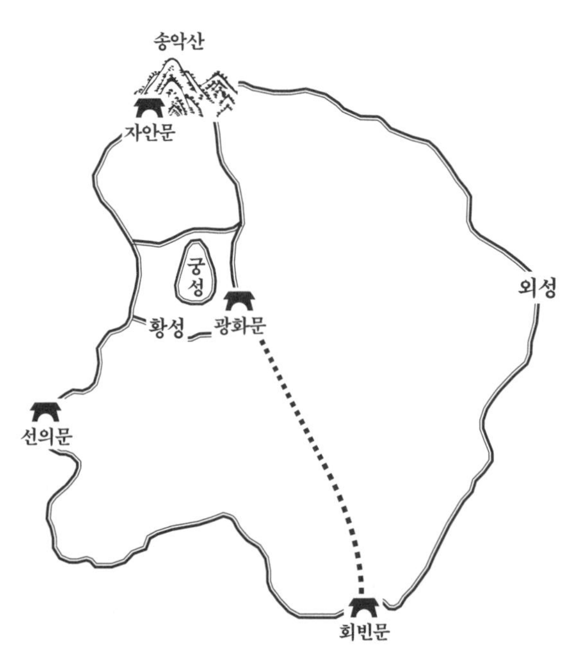

송악산을 등지고 있는 만월대터 (위)

왕건이 도읍한 개성은 여러모로 한양과 많이 닮아있다. 고려 제일의 명당으로 꼽힌 개성은 사실 궁궐이 들어서기에 지형이 고르지 못했는데 높은 축대를 사용해 이를 해결하였다. 만월대 너머로 송악산이 보이면서 서울에서 볼 수 있는 3단계 풍경과 같은 구도임을 알 수 있다.

개성의 외성과 황성, 궁성의 구조 (왼쪽)

개성은 지형에 맞게 동서대로와 남북대로를 만들었다. 외성의 남대문인 회빈문에서 출발해서 남북대로를 따라 황성의 동문인 광화문을 서쪽으로 들어가 북쪽으로 꺾기까지 만월대의 정궁을 볼 수 없다. 지형부터 성과 도로망까지 한양과 유사한 구조임을 알 수 있다.

던 송악산의 모습은 점점 사라진다. 창합문을 지나면 10m 높이의 계단을 만나며, 이곳을 올라 전문으로 들어서면 마침내 하늘 높이 우뚝 솟은 정전 회경전의 모습이 눈앞에 펼쳐진다. 이런 경로는 경복궁의 근정전을 대면할 때와 거의 동일한 과정이다. 물론 서울에는 4개의 성으로 이루어진 개성과 달리 외성에 해당되는 서울성곽과 궁성에 해당되는 경복궁밖에 없다. 또한 지형적 차이 때문에 개성의 정궁이 송악산으로부터 남쪽으로 뻗은 비탈진 언덕을 따라 배치된 반면에 서울의 정궁인 경복궁은 평지에 들어서 있다. 간선도로망의 구체적인 형태도 다르다. 그럼에도 궁궐을 방문하는 경로를 따라가다 보면 다음과 같이 동일한 경험을 하게 된다.

첫째, 개성의 남북대로가 황성의 동문인 광화문 앞에서 만나 90°로 꺾이는 것과 서울의 남북대로가 종각에서 90°로 꺾이는 것이 같다. 둘째, 개성 황궁의 정문인 광화문을 통과하여 서쪽으로 가다가 궁성의 정문인 승평문 앞쪽에서 북쪽으로 90°로 꺾어 보아야 하늘 – 하늘산 – 궁궐이 보이는 것과 서울에서 종로를 따라 서쪽으로 가다가 세종대로사거리에서 북쪽으로 90° 꺾어 보아야 하늘 – 하늘산 – 궁궐을 볼 수 있는 점이 같다. 셋째, 이렇게 특정 지점에 도달하기까지 정궁의 모습을 볼 수 없도록 간선도로망을 계획했다는 점도 같다.

도시에 풍수를 적용했다는 점에서 개성의 탄생은 당시로서는 혁신이었다. 후삼국시대에 만들어진 고려의 수도 개성 이전에는 풍수로 조영된 도시는 한반도는 물론 중국과 일본에도 없었다. 따라서 왕건이 궁예의 명을 받고 통일신라시대 사찰에서 유행하던 풍수의 원리를 적극적으로 받아들여 주산 송악산을 중심으로 좌청룡 – 우백호 – 안산의 산줄기로 둘러싸인 곳에 수도를 건설한 것은 이전까지 없었던 완전히 새로운 현상이자 창조적인 행위였다.

6

임금과 공간의 정치학

일월오봉도

용상 뒤에 놓는 병풍으로 해와 달은 왕과 왕비를 상징한다. 임금이 용상에 앉았을 때 비로소 완성되는 그림이다. 다양한 자연물을 이용해 임금의 권위를 표현했으며, 권위를 시각화하려는 시도의 일환이다.

고려는 풍수 때문에 망한 걸까?

후삼국시대 여러 수도 중 하나였던 개성과 궁궐에 적용되었던 풍수는 고려가 후삼국을 통일하면서 위상이 완전히 달라진다. 풍수는 고려가 멸망할 때까지 수도·궁궐·왕릉 등의 논의에 유일한 기준이 되었는데, 이를 임금과 관련된 모든 공간에 적용되었다는 의미에서 '임금풍수'라고 이름 붙이고자 한다.

고려시대에 풍수가 어떤 역할을 했는지에 대해 많은 연구가 있었는데, 그중에서 이병도 교수의 연구는 임금풍수가 고려에서 어떤 역할을 했는지 훌륭하게 분석했다는 점에서 주목할 만하다.◓ 다만 연구 대부분이 일제강점기에 이루어진 때문인지 저자의 가치판단에 따라 풍수의 폐해를 지적하는 문구가 많고, 풍수가 유행하지 않았다면 고려의 멸망을 비롯한 많은 폐해가 나타나지 않았을 것처럼 오해할 수 있는 묘사가 꽤 있다. 이병도 교수의 견해는 결론의 마지막 부분에 압축적으로 잘 드러난다.

> (풍수를 혹신한) 이러한 사실은 왕실의 고립과 쇠미를 촉진할 뿐으로, 필경 신비한 연기방법(延期方法-나라의 운명을 연장시키기 위한 방법)에서 하등의 반응도 없이 자멸의 구렁텅이로 들어가고 만 것이다. 역조(歷朝-고려)가 그 무령무효(無靈無 -효과가 없음)함을 경험하면서도 굳이 어리석은 미신적 방법을 되풀이한 것은 무엇인가?

◓ 『고려시대의 연구 - 특히 도참사상의 발전을 중심으로』, 을유문화사, 1948.

역시 자기생존·종족보전의 본능·충동에서 '혹시나' 하는 염원과 위안으로부터 나온 관념의 유희에 불과한 것이라 하겠다.

하지만 주도적인 위치에 있던 종교나 사상들이 혼란기를 극복할 때는 진취적인 역할을 하다가 건국기와 안정기를 지나면서 보수화되고, 이후에는 부정적 역할이 더 커지면서 폐해를 낳는 것은 역사에서 보편적으로 나타나는 현상이다. 불교·기독교·이슬람교·유교 등 세계적으로 성장한 종교나 사상에서도 시대와 지역을 막론하고 안정기를 지나 고착화되면서 수많은 폐해의 근원이 되고, 이것이 개혁을 요구하는 새로운 목소리가 등장하는 배경이 되었다. 그런 점에서 풍수의 폐해만을 강조하고 풍수만 없었다면 고려가 멸망하지 않았을 것처럼 서술한 것은 이병도 교수가 나라가 망한 일제강점기에 연구를 시작했던 시대적 상황과 무관하지 않다. 이제는 풍수에 대해 '미신'이라고 부정적 시선으로 배척하고 본다거나 '전통자연관'이라는 긍정 일색의 이미지만을 강조하는 극단적 관점을 극복해야 한다. 우리가 오늘날 생각하는 풍수에 대한 가치평가 이전에 풍수를 역사 속에서 시대적 역할을 했던 사상으로 접근하고 이해하려는 중립적인 눈을 회복할 필요가 있다. 그래야만 역사적 사상으로서 풍수의 기능과 역할을 객관적으로 살펴볼 수 있다.

위태로운 왕권과 훈요십조

태조 왕건은 943년 5월 67세를 일기로 세상을 떠나는데, 죽기 한 달 전에 이후의 고려 임금들이 지켜야 할 10개의 가르침을 유언으로 남겼다. 이를 훈요십조(訓要十條)라고 부르며, 그중 풍수와 관련된 항목은 세 개가 있다.

> 두 번째: 여러 사원은 모두 도선(827~898)이 산수의 순역(順逆)을 살펴 정하여 개창한 것이다. 도선은 "내가 정한 곳 이외에 함부로 (사원을) 새로 만들면 지덕(地德)을 손상시켜 나라가 오래가지 못할 것이다"라고 말했다. 내가 생각해보니, 후세의 국왕·왕실·왕비·신하들이 각각 원당(願堂)이라 하면서 혹시라도 사찰을 증설하면 크게 우려할 만한 일이다. 신라 말에 경쟁적으로 사원을 만들어 지덕을 손상시켜 멸망에까지 이르렀으니 경계하지 않을 수 있겠는가. (『고려사』 세가 태조 26년 3월. 이하 4장의 인용문에서 출처의 특별한 언급이 없으면 『고려사』 세가에서 인용한 것임)

일반적으로 나라가 안정기에 접어들면 종교인까지 포함해서 늘어난 지배계급 안에서 기존보다 치열한 경쟁이 벌어진다. 그 과정에서 물질적·가시적 사치가 유행하는데, 이로 인한 백성들의 고통과 원망이 심해져 결국 반란으로 이어진다. 이러한 혼란기를 정리한 새로운 정권 혹은 새로운 나라는 기존의 종교나 사상을 개혁하거나 새로운 종교나 사상을 통해 폐단을 시정하기 위한 논리를 만든다. 신라 말에 다수의 사찰이 경쟁적으로 만들어진 것도 이러한 폐단이라 할 수 있는데, 태조 왕건은 지덕을 손상시킬 수 있다는 풍수의 논리를 내세워 폐단을 시정하고자 했다.

이는 고려에서 비보사탑(裨補寺塔)이 유행하는 계기가 되었다. 조선시대 유행했던 풍수 용어에서 '비보'는 도시·마을·집·무덤 등 개별 명당의 부족한 형세를 보충하기 위해 숲·연못·산·이름 등을 인위적으로 만들어준다는 의미였다. 하지만 고려시대 비보사탑에서의 '비보'는 국가 전체의 안녕이란 측면에서 풍수적으로 부족한 지점에 절이나 탑을 세워 보충한다는 의미였다. 이것은 통일신라 말과 후삼국시대에 사상적·물리적 측면에서 큰 힘을 갖고 있던 대사찰들의 실질적인 권리를 인정하고 포섭하기 위한 목적이었다. 대사찰의 존재를 정당화시켜 주면서 비보사찰로 뒷받침되지 않는 사찰은 새로 세우지 못하게 하여 사찰의 지나친 증가를 막는 역할도 하였다.

> 다섯 번째: 나는 삼한 산천의 음덕에 힘입어 (후삼국 통일의) 대업을 이루었다. 서경은 수덕(水德)이 순조로워 우리나라 지맥의 근본을 이루어 대업이 대대로 이어지는 땅이다. (그러니 임금은) 마땅히 3년마다 한 번씩 가서 백일 넘게 머물러 (나라의) 안녕을 이루도록 하라.

'고려'라는 국호에서 알 수 있듯이 고려는 고구려를 계승한다는 대의명분을 내세운 나라였다. 따라서 고구려 옛땅에 대한 수복 의지와 숭상은 고려의 정통성을 지키기 위해 꼭 필요했다. 태조 왕건이 고구려의 마지막 수도였던 평양을 중요하게 여겨 서경(西京)으로 삼고 후대 임금들이 3년마다 한번씩 100일 이상 가서 정치를 하라는 것도 이런 맥락에서 이해해야 한다. 그런데 왕이 항상 머물지는 않더라도 왕의 도시인 서경, 즉 '서쪽의 서울'이 된 이상 평양 역시 수도 개성처럼 왕의 권위를 표현하는 유일한 논리였던 풍수로 정당화를 시켜야 했던 것이다.

> 여덟 번째 : 수리고개(車峴) 이남의 공주강(금강) 밖은 산형과 지세가 모두 (수도 개성에 대해) 배역(背逆)으로 달려가고, 인심 또한 그러하다. 그 아래의 고을 사람들이 조정에 참여하여 왕실이나 외척과 혼인하여 정권을 잡으면 나라에 변란을 일으키거나 통합된 것에 대한 원망을 품고 임금을 범하여 난을 일으킬 것이다.

신라가 고구려와 백제를 멸망시키고 200년 이상을 통일 국가를 유지했지만, 혼란기에 접어들자 궁예와 견훤이 고구려와 백제를 다시 부활시킨다는 명분으로 각각 건국의 정당성을 삼으려 했다. 태조 왕건 역시 고구려를 계승한다는 이데올로기를 통해 고려 건국의 정당성을 확보하려 했기에 만약 다시 혼란스러운 상황이 발생하면 후백제 지역과 호족들이 분리·독립하거나 고려 자체를 무너뜨리려 할 가능성이 있음을 잘 알고 있었다. 따라서 이를 방지하기 위한 장치로 수리고개(현재의 차령) 이남 후백제의 땅이 풍수의 논리로 볼 때 반역의 형세를 취하고 있다는 이데올로기를 만들어 그 지역의 사람들을 등용하지 말라는 유언을 남긴 것이다.

도선국사
신라 말에 활동했던 도선은 풍수지리의 대가였다. 훈요십조에서 볼 수 있듯이 왕건에게 큰 영향을 끼쳤으며 고려시대 활발했던 임금풍수에 사상적 기반을 제공했다.

태조 왕건은 유력호족과의 연합정책을 실현하는 과정에서 6명의 왕비와 23명의 부인을 두었고, 그 사이에서 26명의 아들과 9명의 딸이 있었다. 이와 같은 혼인정책은 유력호족의 도움을 받아 후삼국을 통일하는 데 기여를 했지만, 태조 왕건이 죽은 후에는 왕위계승을 둘러싼 암투의 빌미가 되었다.

2대 임금인 혜종은 나주의 유력호족 출신인 장화왕후 오씨가 낳은 왕건의 맏아들이었지만 충주의 유력호족 출신인 신명순성왕후 유씨가 낳은 왕건의 셋째 아들 왕요와 넷째 아들 왕소의 심한 견제를 받았다. 이 와중에 두 딸을 왕건과 결혼시킨 경기도 광주의 유력 호족인 왕규가 외손자인 광주원군을 임금으로 세우려고 혜종의 암살을 시도했다가 왕요와 왕건의 사촌동생이자 서경을 맡고 있던 왕식렴의 군대에 의해 실패하기도 했다.

이처럼 초창기 고려의 왕권의 입지는 강대한 호족들 사이에서 위태로웠다. 왕건은 당시 이제 막 나라를 연 군주가 드러내놓고 말할 수 없었던 복잡한 정치적 상황과 처세에 대한 가르침을 풍수의 외관을 입혀 훈요십조로 절묘하게 담아냈던 것이다.

천도가 아니면 새나라를 –묘청의 서경천도운동

고려가 위태로웠던 창업기를 지나 안정기에 접어들면서 풍수는 다시 도참사상과 결합하여 새로운 변화를 정당화하는 종교 논리로 전면에 등장한다. 도참사상과 결합된 풍수는 천도를 통해 나라 밖 위협을 해결하고 국운을 상승시킬 수 있다는 믿음으로 발전하면서 정치적 격변을 불러온다. 그 대표적인 사건이 묘청의 난이다. 사실 묘청의 난 이전에도 천도에 대한 논의는 여러 차례 있었는데, 이 모든 논의의 기반에도 역시 풍수가 깔려 있었다. 최전성기였던 문종 때도 풍수에 기초하여 남경을 건설했다 폐지한 적이 있고, 숙종 때는 풍수지리 전문가였던 김위제가 남경 천도를 주장했다.◔ 김위제의 주장 역시 풍수의 지기쇠왕설에 입각해서 수도 개성의 약해진 지기를 보완하려면 3경을 만들어 4개월마다 돌아가며 나랏일을 보거나, 아니면 아

◔
김위제는 『도선기』, 『도선답산가』, 『삼각산명당기』, 『신지비사』 등을 인용하여 남경의 창설을 주장하였다.

예 남경으로 천도해야 한다는 것이었다. 숙종은 김위제의 의견에 따라 10월 9일에 폐지했던 남경을 다시 창설하고 그 사실을 종묘·사직·산천에 알리는 제사를 올렸다.

풍수가 고려 전체를 뒤흔든 가장 큰 사건은 17대 임금 인종(1109~1146, 재위: 1122~1146) 때 일어난다. 인종은 겨우 14세의 나이로 당시 최대의 외척 세력이었던 이자겸의 지지를 받아 즉위하였다. 이자겸의 힘이 지나치게 강해진 것을 두려워한 인종은 1126년 2월에 그를 제거하려고 했으나 오히려 이자겸·척준경의 반격을 받아 실패했다. 이 과정에서 만월대의 정궁 대부분이 불탔다. 게다가 인종이 이자겸에게 임금의 지위를 넘겨주려고 하는 일까지 발생하였는데, 최사전 등이 척준경을 설득해 5월 20일에 이자겸 세력을 제거하는 데 성공한다. 척준경 역시 1127년(인종 5년) 봄에 전라도의 무안군으로 유배되었는데, 이를 '이자겸의 난'이라고 부른다. 한편 나라 밖에서는 1125년에 여진족의 금나라(1115~1234)가 북방의 강국이었던 거란족의 요나라(916~1125)를 멸망시키고 급격히 성장했다.

이러한 국내외의 어려움은 왕씨 왕실 고려의 존립 자체에 대한 위기감을 만들어냈다. 묘청의 서경천도 운동이 본격적으로 시작된 것이 이때부터이다.◔

> 근신인 홍이서와 이중부, 대신 문공인과 임경청이 그들과 의견을 같이하여 드디어 임금에게 아뢰기를, '묘청은 성인이고, 백수한 또한 그다음입니다. 나라의 일을

◔ 인종은 1127년 2월에 서경으로 행차하였고, 3월 14일에는 서경의 승려 묘청과 천문관 백수한의 주장에 따라 도장(道場)을 베풀었으며, 28일에는 조서를 내렸다.

하나하나 자문하여 행하고 그가 올린 것을 모두 받아들이면 정치가 잘 될 것이고 나라가 보전될 것입니다'라고 하였다. 곧 여러 관리들에게 서명해줄 것을 요청하였는데, 평장사 김부식과 참지정사 임원애, 승선 이지저만이 서명하지 않았다.

1128년은 개성 만월대의 정궁을 불태운 이자겸의 난이 일어난 지 2년, 척준경이 유배된 지 1년, 금나라가 요나라를 멸망시킨 지는 3년째 되는 해였다. 이렇게 뒤숭숭한 상황이야말로 옛것을 바꾸고 새것을 세우려는 사상적 움직임이 태동하기에 최적의 시기였다. 인종 때에는 이 움직임이 묘청·백수한·정지상 등의 음양비술(陰陽秘術)로 나타났다. 이들의 주장은 왕궁까지 불탄 개성의 지기가 약해졌으니 임금의 기운이 서려 있는 서경으로 옮기자는 천도운동으로 구체화되었다. 김부식·임원애·이지저 등 신하 대부분도 이에 찬성하였는데, 구체적인 내용이 다음과 같이 이어진다.

상서문이 올라오자 임금은 비록 의심을 가졌지만 여러 대신들이 힘써 말하자 믿지 않을 수 없었다. 이에 묘청 등이 임금에게 말하기를, '신들이 서경의 임원역 땅을 보았는데, 음양가들이 말하는 대화세(大華勢)입니다. 만약 그곳에 궁궐을 짓고 옮겨가시면 천하를 모두 아우를 수 있는데, (그리하면) 금나라가 조공하여 스스로 항복하고 36개의 나라가 모두 조공국이 될 것입니다'라고 하였다. 임금이 드디어 서경에 행차하여 따라온 재추(문무고관)에게 묘청, 백수한과 함께 임원역의 땅을 살펴보도록 명하였다. (그리고) 김안에게 궁궐을 만들도록 명했는데, 공사를 감독하는 것이 매우 급했다. 당시 날씨가 춥고 얼어붙어서 백성들이 매우 원망하고 탄식하였다.

묘청은 서경의 임원역터가 '크게 번영할 형세의 땅'을 가리키는 대화세(大華勢)라고 했는데, 『고려사』 인종 7년 3월 12일 기록에는 '크게 꽃피울 형세의 땅'인 대화세(大花勢)로 나온다. 이곳에 궁궐을 지으면 고려가 번영할 뿐 아니라 금나라와 36개의 나라를 합한 천하가 모두 조공을 받칠 것이라고 주장했다. 이 서경천도운동은 풍수의 지기쇠왕설이라는 외피를 씌운 형태로 나타난 것이었는데, 인종은 그 주장을 받아들여 궁궐을 짓도록 했던 것이다.

> 1129년에 새 궁궐이 완성되자 임금이 또 서경에 행차하였고, 묘청의 무리가 간혹 표문을 올려 황제를 칭하고 연호를 쓸 것을 권하였다. 때로는 제나라[◐]와 연합하여 금나라를 협공·멸망시키자고 청하기도 하였는데, 지식인들은 모두 불가하다고 여겼다. 묘청의 무리가 계속 주장하기를 그치지 않았지만 임금이 끝내 받아들이지 않았다. 임금이 새 궁궐의 건룡전에 나아가 군신들의 조하를 받았는데, 묘청·백수한·정지상 등이 말하기를 '방금 임금께서 건룡전에 앉으시니 공중에서 음악 소리가 들렸습니다. 이것이 어찌 새 궁궐에 오신 것에 대한 상서로움이 아니겠습니까'라고 하였다. 그리고는 드디어 하표(임금께 올리는 축하의 글)를 작성하여 재추들에게 서명할 것을 청했지만 재추들은 따르지 않으며 말하기를 '우리들이 비록 늙었지만 귀는 여전히 어둡지 않다. 공중에서 음악이 들린 적이 없다. 사람들은 속일 수 있어도 하늘은 속일 수 없다'라고 하였다. 정지상이

◐ 남송시대 유예(1073~1146)가 세운 나라로 금나라의 속국이었다.

화나서 말하기를, '이것은 매우 상서로운 일이므로 마땅히 역사서에 기록하여 후세에 보여주어야 하는데, 대신들이 이와 같으니 매우 한탄스러울 뿐이다'고 하였지만 하표는 끝내 임금에게 올릴 수 없었다.

1년 만에 대화세의 새로운 궁궐이 완성되고, 묘청 세력의 서경 천도에 대한 기본 틀은 이제 완성된 것이나 마찬가지였다. 묘청 세력은 서경 천도를 국내외적으로 더욱 정당화하기 위한 작업에 들어갔다. 그것이 바로 국제적으로 모든 나라와 동등한 지위를 누리는 독자적인 천하의 상징인 황제의 칭호와 연호의 사용 요청이며, 나아가 금나라까지 정복할 수 있다는 의욕의 표현이었다. 하지만 그때부터 반대파의 의견에 임금이 찬성하면서 그들은 새로운 방법을 동원한다. 바로 '임금이 건룡전에 앉자 공중에서 음악소리가 들렸다'는 신비한 현상의 조작이다. 하지만 이 역시 반대파들의 반대로 제대로 먹혀 들어가지 않았다. 다음 기록은 반대파들의 거센 역공의 모습이 담겨 있다.

그다음 해 서경의 중흥사탑에 화재가 나자, 어떤 사람이 묘청에게 물었다. "선사(묘청)가 임금께서 서경에 가기를 요청한 것은 재해를 진압하기 위한 것인데, 어째서 이와 같이 큰 화재가 났습니까?" 묘청이 얼굴이 붉어지며 대답할 수 없자 오랫동안 고개만 숙이고 있다가 주먹을 불끈 쥐고 얼굴을 들어 말하였다. "임금께서 만약 상경(개성)에 계셨다면 재앙으로 인한 변고는 이보다 더 컸을 것이다. 지금 이곳에 오셨기 때문에 화재가 밖에서 발생하여 임금의 몸이 안전한 것이다." 묘청을 믿는 자들이 "이러니 어찌 믿지 않을 수 있겠는가?"라고 말하였다.

지기쇠왕설에 기초한 풍수지리가 다른 이들에게 설득력 있게 다가갈 수 있는 최고의 방법은 명당에 터를 잡았을 때 상서로운 현상을 직접 경험하는 것이다. 하지만 이것은 모든 종교에서 나타나는 믿음의 문제일 뿐이다. 명당에 터를 잡은 것과 상서로운 현상이 나타나는 것은 우연의 일치일 뿐 실질적인 인과관계는 전혀 없다. 다만 다른 종교와 마찬가지로 풍수에서도 믿음이 확고해지면 긍정적이든, 부정적이든 우연의 일치가 인과관계의 결과인 것처럼 받아들여져 반대파들을 공격하는 좋은 소재가 되었다.

묘청 세력은 개성 만월대의 정궁이 모두 불에 타는 등 왕실의 권위에 엄청난 타격을 가한 '이자겸의 난'이 개성의 지기가 약해졌기 때문이라는 인과관계를 설정하여 천도라는 '목적'을 주장하였다. 반면에 반대파들은 서경의 중흥사탑에 화재가 난 것을 개성의 지기가 약해지고 서경의 지기가 왕성하다는 것을 보여주지 못하는 인과관계로 설정하며 역공에 나섰다. 두 세력의 해석은 정반대이지만 풍수의 지기쇠왕설에 대한 믿음을 기반으로 상대방을 공격하려 했다는 점에서는 동일하다. 임금과 동조 세력을 얼마만큼 설득해서 끌어들일 수 있었느냐의 문제가 중요했는데, 결과론적으로 묘청 세력은 대세를 장악하는 데 실패한다. 결국 묘청 세력은 새로운 국가의 건설을 꾀하면서 고려와 본격적으로 경쟁하는 선택을 한다. 고려 건국 199년 만인 1135년에 나라가 분열될 수 있는 사건이 일어난 것인데, 이것이 바로 묘청의 난이다.

묘청 세력은 국호를 '대위(大爲)', 연호를 '천개(天開)'라고 칭했는데, 고려와 다른 새로운 나라를 건국했다는 의미다. 연호를 '하늘이 열리다'는 뜻의 천개로, 그들의 병사를 '하늘이 보내준 충성스럽고 의롭다'는 뜻의 천견충의(天遣忠義)로 부른 것을 통해 볼 때 새로운 나라의 건설이 하늘의 뜻에 따라 이루어졌다는 대의명분을 담고자 하였다. 묘청 세력은 관부까지 설치하고 개성 출신들은 모두 잡아 가두거나 죽이고 서경 출신들로만 관리들을 임명했다. 고려 조정에서는 김부식을 총사령관(元帥)으로 삼아 서경을 공격하도록 했다. 김부식이 대군을 이끌고 서경으로의 출전하자 불안을 느낀 반란군은 최고 우두머리였던 묘청과 류담, 아들인 류호 세 사람의 머리를 베어 보내면서 항복할 뜻을 보였다. 하지만 고려 조정이 그 뜻을 받아들이지 않자 조광을 중심으로 다시 반기를 들고 1년 이상 격렬하게 항쟁하였다. 많은 수의 군대를 동원하고,• 인공적으로 쌓은 약 24m의 흙산 위에 거대한 투석기를 설치하여 수백 근의 돌과 불붙은 공을 쏘아대면서 공격하였음에도 불구하고 서경은 쉽게 함락되지 않았다. 기록을 통해 전투가 얼마나 치열했는지, 그리고 서경의 반란군 역시 만만치 않은 군세를 갖추고 있었다는 것을 짐작할 수 있다. 하지만 계속된 고려군의 공격에 결국 서경이 함락되면서 묘청의 난은 끝나게 된다.

묘청의 서경 천도 운동과 이어진 반란은 공간의 측면에서 '임금의 권위를 표현하는 최고이자 유일의 논리가 된' 임금풍수의 힘이 고려에 맞서 새로운 나라를 건설하려 했던 묘청 세력까지도 벗어날 수 없을 정도로, 아니 적극적으로 이용하려 했을 만큼 바꿀 수 없는 관성의 힘으로 확고하게 정착했다는 것을 확인할 수 있는 역사적 사건이었다.

• 『고려사』에는 동원된 병사 전체는 아니지만 서남지역 고을의 군대 23,200명, 승군 550명, 정예병사 4,200명, 북계 지역 병사 3,900명 등 31,850명의 규모가 기록되어 있다.

고려 최후의 시도

원나라의 힘이 강대했던 80여 년의 원간섭기 동안에는 풍수에 기초한 천도나 이궁 건설 논의가 잠잠했다. 그러다가 제31대 임금인 공민왕 때부터 다시 활발해진다.

> 28일 태묘에서 천도에 대한 점을 쳤는데, 불길하다는 점괘를 얻었다. 그때 한양의 성과 궁궐을 수리했는데, 사람들이 많이 얼어 죽었다. (1360년 1월)

> 1일 임금이 백악에 가서 천도할 땅을 살펴보았다. 백악은 임진현의 북쪽 5리에 있다. (1360년 7월)

> 17일 처음으로 백악의 궁궐을 만들었다. 이에 앞서 남경에 천도하려고 전 한양부윤 이안을 보내 성과 궁궐을 수리했는데, 백성들이 그것을 매우 괴롭게 여겼다. 태묘에서 점을 쳤는데 불길하다는 점괘를 얻어 다시 이 (백악의 궁궐) 사업을 일으킨 것이다. 그때 사람들은 그것(백악)을 신경(新京)이라 불렀다. (1360년 7월)

> 8일에 임금이 백악의 새 궁궐로 옮겼다. (1360년 11월)

> 9일에 교서를 내려 말하기를, "내가 임금의 자리에 오른 이후 하늘을 두려워하고 백성을 사랑하며 선조의 가르침을 준수하여 잘 다스리고자 원하는 마음이 항상 마음속에 절실했다. (하지만) 때마침 어려움이 많이 생겨 나의 은덕이 아래까지 내려가지 못하고, 병난이 연속하여 일어났으며, 재앙과 이상한 현상이 자주 보였다. 내가 이것을 두려워하여 도선의 말을 따르니, 아 이곳은 대개 영원히 큰 하늘의 명령을 이을 곳이다. 생각해보니 신하와 백성들이 분주하게 이 일에 복무하여 노고가 실로 크

니 어찌 구휼해야 함을 알지 못하겠는가. 나라의 큰 계획을 감히 시도하지 않을 수 없고, 모든 일이 시작되었으니 마땅히 은혜를 베풀어야 하겠다. 참형과 교형 이하의 죄인은 모두 풀어주라. (1361년 2월)

6일에 임금과 (왕비인) 노국공주가 왕대비를 모시고 백악으로부터 돌아왔다. (1361년 3월)

『고려사』를 보면 공민왕대 전반기의 천도 논의가 활발하게 이루어졌을 뿐만 아니라 이를 정당화하기 위해 항상 풍수의 논리를 동원하고 있음을 알 수 있다. 그 주체는 다름 아닌 공민왕이었는데, 그는 한양으로의 천도를 시도했다가 못하게 되자 임진현에 있는 백악으로 천도를 다시 시도하는 등 천도에 사활을 거는 듯한 모습을 보였다. 결국에 천도를 실현시키지는 못했지만 풍수논리를 배경으로 한 지속적인 천도 시도에서 우리가 읽어야 할 역사적 의미는, 천도 자체보다는 당시의 수도였던 개성에 기반을 둔 권문세족 세력의 개혁 반대를 제압하거나 견제하기 위한 조치로 천도를 활용하였다는 점이다.

백악으로의 천도 시도는 1360년 11월 8일부터 1361년 3월 6일까지 공민왕이 거의 4개월이나 머물렀던 점, 1361년 2월 9일의 교서에서 나라의 큰 계획의 실현으로까지 의미를 부여했다는 점 등을 볼 때 실제로 실현될 수도 있었다. 하지만 홍건적의 대규모 침입 때문에 결국 성공하지 못했다.

이와 같은 혼란 속에서 공민왕은 1365년에 승려 신돈(?~1371)을 왕사로 삼아 고려 내부의 개혁정책을 지속하였다. 신돈 역시 공민왕처럼 풍수의 논리를 이용한 천도를 통해 정국의 흐름을 주도하고자 했다. 하지만 개혁정책으로 많은 원한을 산 신돈이 결국 처형되고, 3년 뒤에는 국제적으로는 독립국가임을 천명하고, 국내적으로는 개혁정책을 펴던 공민왕까지 갑자기 사망하고 만다.

공민왕의 뒤를 이어 열 살의 나이에 32대 임금으로 즉위한 우왕의 통치 기간에는 대외적으로 왜구의 침입이 극심해지고, 1368년 원나라를 몰아낸 명나라와 외교적으로 극한 대립을 보이는 등 상당히 불안정한 상태가 지속된다. 또한 국내적으로 공민왕 때 추진되었던 개혁정책도 제대로 시행되지 못해 여러 세력이 권력을 두고 서로 다투는 형세가 되었다. 이렇게 혼란스러운 시기가 계속되자 성공하든 실패하든 새로운 이데올로기를 내세워 혼란을 극복하려는 움직임이 계속 나타났다.

풍수에 기초한 천도 논의 역시 공민왕 때보다 우왕 때가 더 많이 있었지만 그때마다 모두 적극적으로 추진되지 않은 채 유야무야 되고 말았다. 명나라와의 충돌과 왜구 침입과 같은 국제정세의 불안과 공민왕 때의 개혁정책의 실패로 인한 정치 혼란 등으로 극도로 불안에 빠진 우왕을 심리적으로 달래고자 체계적인 준비 없이 즉흥적으로 천도가 제안되었기 때문에 나타난 결과였다.

1388년 4월 위화도회군을 통해 정권을 장악한 이성계 세력이 창왕에 이어 두 번째로 추대한 고려의 마지막 34대 임금인 공양왕 때에도 천도와 관련해서 비슷한 현상이 나타났다. 실권의 대부분이 이성계 세력에 의해 장악된 상황에서 허수아비에 불과했던 공양왕이 풍수의 지기쇠왕설에 의지하여 마지막 희망의 끈이라도 잡으려 했던 것으로 볼 수 있다. 공양왕은 여러 신하들과 백성들의 반대에도 불구하고 한양에 가서 4개월 이상 머물렀지만 결국엔 다시 개성으로 돌아온다. 마지막까지 고려 왕실을 지키려 했던 문하시중 정몽주마저 이성계 세력에 의해 제거되면서 1392년 7월 12일 마침내 공양왕은 양위 형식으로 이성계에게 왕위를 넘겨준다. 이로써 475년간 유지되었던 왕씨의 고려 왕실은 종말을 맞게 되었다.

이처럼 고려는 일관되게 건국자 왕건부터 마지막 왕 공양왕까지 풍수를 이용한 공간의 정치학을 펼쳤다. 이런 시도는 모두 고려의 국력과 맞물려 왕권을 강화시키고자 한 의도였다. 그 결과 장소와 풍경이 바뀌고 나아가 역사의 흐름까지 요동쳤다. 건국 초기, 풍수는 왕권 강화라는 명확한 목적을 이루기 위한 명분으로 사용되면서 효과를 이끌어냈다. 그러나 고려 말로 갈수록 신비적 요소가 짙어지면서 풍수 자체가 모든 어려움을 해결해줄 것이라는 맹목적 믿음으로 퇴락하게 된다. 그 결과 당면한 위기를 해결하지 못하고 오히려 혼란만 가중시켰고, 결국 고려는 새롭게 등장한 이성계와 신진사대부에게 밀려 역사의 뒤안길로 사라지게 된 것이다.

풍수는 어떻게 한반도의 문화유전자가 되었나?

극단적인 중앙집권국가였던 신라는 수도와 지방의 차별을 통해 체제를 유지했다. 그런 신라가 쇠락하자 유력 세력이 된 궁예는 기존의 신라와는 전혀 다른 국가를 건설하고자 한다. 그 과정에서 임금풍수는 도시 차원에서 적용된 최초의 사례 개성 건설의 이데올로기로 탄생하였다. 하지만 905년 궁예가 평지의 한가운데에 철원 도성을 건설하면서 그 생명을 다하는 듯 했는데, 918년에 역성혁명에 성공한 왕건이 다음 해에 개성으로 재천도하면서 다시 살아났다. 그리고 935년 신라의 항복을 받고, 936년에 후백제 신검과의 대회전을 승리로 이끌어 후삼국을 통일하면서 한반도에서 수도·궁궐·왕릉 등 임금과 관련된 논의에 유일한 기준으로 자리잡았다.

이렇듯 임금이 사용하는 장소에 대한 논의는 필연적으로 정치적 사건과 연계되어 역사에 큰 영향을 끼쳤다. 풍수가 언급된 사건을 모아보는 것이 고려의 흥망성쇠를 파악하는 가장 간편한 방법이라 할 수 있을 정도이다.

건국 이후 임금풍수가 고려 역사의 전면에 다시 나타난 것은 110여 년이 지난 문종, 숙종, 예종 시기이다. 고려시대의 정치가 가장 안정되고 문물이 가장 발달했다고 평가받는 때였다. 이는 거꾸로 말하면 건국과 통일의 긴장감이 사라져서 새로운 변화를 통해 긴장감을 다시 불어넣어야 하는 시기라는 의미이기도 하다. 이때 이용되었던 것이 바로 풍수의 지기쇠왕설인데, 수도로 정해진 지 오래되어 약해지기 시작했다고 여겨진 개성의 지기를 보완하기 위해 새로운 궁궐이나 작은 서울인 남경을 건립하고 서경의 역할을 강화시키는 현상으로 나타났다.

고려는 건국 후 200년이 조금 지난 1126~1127년에 '이자겸의 난', 1135~1136년에는 '묘청의 난'을 겪는다. 새로운 나라를 건설하고자 했던 '묘청의 난'의 주도자들이 내세웠던 논리 역시 도선의 주장을 바탕으로 한 풍수의 지기쇠왕설이었고, 이를 빌미로 삼았던 서경천도운동이 반란의 시발점이었다. 서경천도운동이 결국 기존 세력에 의해 좌절되고 새로운 나라를 건설하려다 1년 만에 실패했지만, 기존 체제에 반대하는 세력조차 임금풍수의 영향에서 벗어날 수 없다는 것을 보여준 중요한 사건이었다.

흔들리던 고려는 1170년에 '무신정변'이 일어나면서 더욱 혼란에 빠진다. 무신집권기 100여 년 동안 왕씨의 왕실은 허수아비 같은 존재로 전

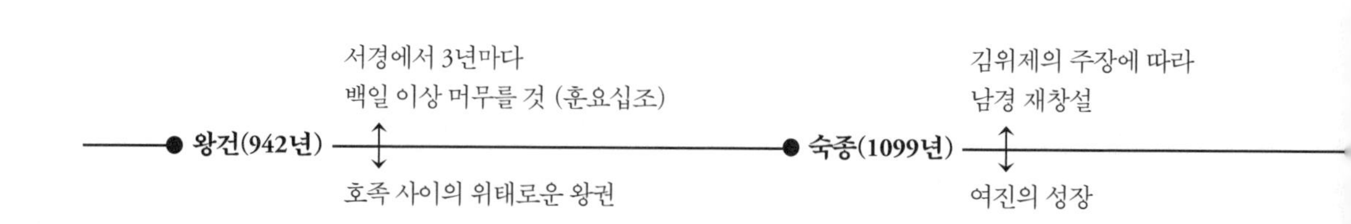

락하였다. 이는 고려가 멸망한 것과 비견될 수 있는 커다란 변화로서, 무엇이든 기존과 다른 새로운 것을 보여주려는 분위기가 팽배할 수밖에 없는 조건이었다. 그런데 이때에 동원된 논리 역시 도선의 주장에 기반한 풍수의 지기쇠왕설이었다. 7차에 걸친 몽골의 침입기에도 작은 서울의 경영이나 새로운 궁궐의 조성을 통해 몽골의 침입을 물리치고자 하는 염원을 담았던 임금풍수가 계속 존재했다. 이런 사례는 그만큼 임금풍수의 기반이 확고했음을 잘 보여준다.

무신정권이 무너지고 사실상 원나라의 속국이었던 원나라 간섭기(1270~1351) 80여 년 동안에는 풍수의 지기쇠왕설에 기초한 궁궐이나 작은 서울을 건설하는 현상은 나타나지 않았다. 하지만 원나라에서 유행했던 높은 건축물이 전혀 지어지지 않았고, 평지의 기하학적 도시인 원나라의 수도인 대도(大都, 지금의 북경)를 닮고자 하는 어떤 움직임도 없었다. 유라시아 대륙을 장악한 몽골 제국의 거대한 힘도 고려의 독자적인 운영과 번영을 상징하며 뿌리내린 임금풍수의 흐름을 바꾸지 못했음을 보여준다.

원나라가 왕위계승경쟁으로 인한 내부 갈등이 격화되고, 중국의 한족까지 반기를 들면서 힘이 급격히 약화되기 시작하는 시기에 즉위한 공민왕은 자주정책과 국내의 개혁정책을 동시에 추진했다. 이때 원나라의 속국이 아닌 독자적인 나라로서 국토를 인식하는 움직임의 기초로 등장한 것 역시 풍수였다. 또한 독자적인 운영과 번영을 지향할 뿐만 아니라 기존 세력과의 차별을 위해 시도했던 천도의 사상적 기반 역시 지기쇠왕설

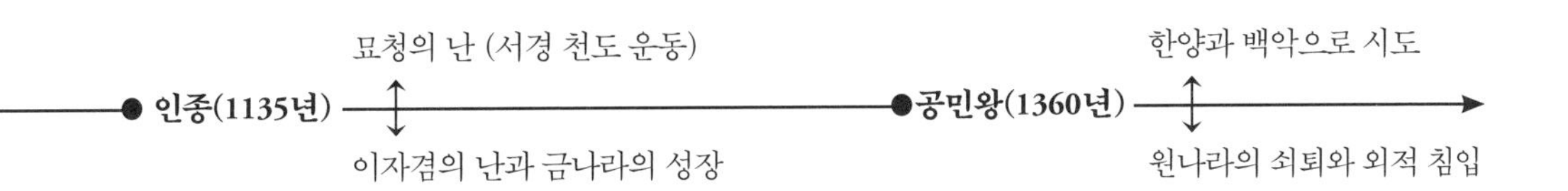

이었다.

이처럼 고려시대에 임금풍수가 번영했던 이유는 고려의 건국자 태조 왕건이 남긴 훈요십조의 열 개 가르침 중에 풍수에 관한 항목이 세 개일 정도로 그 자체로 중요한 이데올로기였으며, 숨겨진 정치적 의도를 담아내는 그릇으로 유용하게 쓰였기 때문이다.

이렇게 풍수가 대외명분용으로 사용될 수 있었던 것은 개성의 탄생에서 볼 수 있듯이 고려 자체가 풍수적 배경에서 만들어졌기 때문이다. 또 장소를 통해 관계 없어 보이는 다른 요인의 결과까지 설명하는 풍수 특유의 방식도 한몫했다. 이것을 바꾸기 위해서는 고려가 아닌 다른 나라를 세우면서 고려와의 차별성을 강조하는 새로운 이데올로기를 만드는 상황이 필요했다. 고려시대에도 '이자겸의 난', '묘청의 난', 무신집권기, 원 간섭기처럼 나라가 멸망할 수 있는, 또는 멸망한 것과 마찬가지의 위태로운 고비가 있었지만 궁궐과 수도 등 임금과 관련된 공간에 풍수가 아닌 다른 이데올로기를 적용하는 일은 벌어지지 않았기 때문이다.

역성혁명으로 조선이 건국되면서 임금과 관련된 공간에 풍수가 아닌 다른 이데올로기가 등장할 수 있는 기회가 생겼다. 그러나 태조 이성계와 그를 지지한 신진사대부 세력은 불교를 배척하고 유교를 새로운 국가 지배 이데올로기로 만들었지만 지기쇠왕설에 기초한 임금풍수의 논리는 격렬한 변화의 바람에도 불구하고 지위를 유지할 수 있었다. 특히 이성계는 한양으로의 천도 과정에서 새로운 국가 건설의 정당화를 위해 풍수를 적극 이용하였다. 풍수의 정치적 효과는 새로운 지배세력에게도 여전히 매력적이었던 것이다. 그 결과 임금풍수는 조선시대 내내 영향력을 유지했으며, 오늘날까지 이어져 한반도 문명의 '문화유전자'로 확실하게 정착하게 되었다.

7

방어력 없는 성곽의 비밀

지금까지 우리 풍경의 기원을 통시적으로 살펴봤다. 이 장에서부터는 우리 풍경이 만들어낸 독특하고 다양한 요소들을 살펴보고자 한다. 그중에서 특수성을 가장 잘 보여주는 대상이 바로 서울 성곽이다. 서울 성곽에 대해 방어로서의 성곽이라는 기본적인 인식만 있었을 뿐, 공간이라는 측면에서 성곽의 역할을 진지하게 고민한 경우는 많지 않았다. 이 이야기를 시작하기 위해 임진왜란이 일어났던 1592년으로 돌아가보자.

선조, 도성을 버리고 피난 가다

1592년 4월 14일 오후 5시 부산 앞바다에 일본군의 전선 700여 척이 나타났다. 부산진 첨사 정발이 부산진성에서, 동래부사 송상현이 동래읍성에서 방어했지만 몇 시간 만에 함락되었다. 이후 총 20여만 명의 일본군은 전혀 준비가 되지 않은 조선군을 격파하며 파죽지세로 북진을 계속하였고, 4월 28일 신립을 총사령관으로 하여 충주의 탄금대에서 배수의 진을 친 조선의 정예군 8,000여 명까지 거의 전멸시켰다.

28일에 충주에서의 패전이 전해지자 선조가 대신과 대간을 불러 논의하였는데, 처음으로 한양(京城)을 떠나 피난하는 문제를 꺼냈다. 대신 이하 모두가 눈물을 흘리면서 부당함을 극언하였다. 영중추부사 김귀영이

부산진순절도
임진왜란의 시작을 알리는 왜군의 부산진 침략을 그린 기록화. 영조 때 화가 변박이 그렸다.

"종묘와 원릉이 모두 이곳에 있는데 떠나서 어디로 가시겠다는 것입니까? 한양을 굳건히 지켜 외부의 원군을 기다리는 것이 마땅합니다"라고 아뢰었다. 우승지 신잡은 '전하께서 만일 신의 말을 따르지 않으시고 끝내 한양을 떠나 피난하신다면 신의 집엔 팔십 노모가 계시니 종묘의 대문 밖에서 스스로 자결할지언정 감히 전하의 뒤를 따라 떠나지 못하겠습니다'라고 말하였다. 수찬 박동현은 '전하께서 한 번 도성을 나가시면 인심은 보장할 수 없습니다. 전하의 가마를 맨 인부 또한 길모퉁이에 가마를 버리고 달아날 것입니다'라고 하면서, 목 놓아 통곡하니 임금의 얼굴빛이 변하여 갑자기 내전으로 들어가 버렸다.

이때 대신 이하는 모두 매번 입시할 때마다 한양을 떠나 피난할 수 없다고 극구 말했는데, 오직 영의정 이산해만은 그저 슬프게 울기만 할 뿐이었다. 이윽고 나와서는 승지 신잡에게 '옛날에도 피난한 사례가 있다'고 말했으므로 많은 사람들이 마침내 웅성거리며 이산해에게 죄를 돌리려 하였다. 사헌부와 사간원이 함께 글을 올려 (이산해의) 파면을 청했으나 임금은 오히려 윤허하지 않았다. 이때 도성의 백성들은 모두 뿔뿔이 흩어졌으므로 비록 한양을 지키고 싶어도 형편이 그렇게 할 수 없었다.

—『선조실록』 25년 4월 28일

1592년 4월 28일 임금이 한양을 떠나 피난하는 문제를 꺼내자 영의정 이산해를 제외한 신하들은 상당히 비장한 모습을 보인다. 김귀영의 '한양을 굳건히 지켜 외부의 원군을 기다리는 것이 마땅하다'는 말은 성곽 방어를 통해 장기전을 벌이자는 의미다. 신잡은 종묘의 대문 밖에서 스스로 자결한다고 했고, 박동현은 민심 수습을 위해서도 한양을 떠나서는 안 된다는 입장이었다. 하지만 선조는 신하들의 비장한 반대에 화가 나서 들어가 버렸고, 다음 날인 29일 전쟁 중 임금이 갑자기 잡히거나 죽을지도 모르는 위험을 분산시키기 위해 광해군을 세자로 앉혔다. 그리고는 한양을 떠나지 않을 것처럼 말하며 안심시키다가 30일 새벽에 한양을 떠났다.

> 새벽에 임금이 인정전에 나오니 신하들과 백성, 말 등이 궁전 뜰을 가득 메웠다. 이날 큰비가 하루 종일 내렸다. 임금과 세자가 말을 탔고, 왕비는 덮개 있는 가마를 탔다. 숙의 이하는 홍제원에 이르러 비가 심해지자 가마를 버리고 말을 탔다. 궁인(宮人)들은 모두 통곡하면서 걸어서 따라갔고, 종친과 문무관 중 호종하는 자의 수가 백 명도 되지 않았다. 벽제관에서 점심을 먹는데, 임금과 왕비의 반찬은 겨우 준비되었으나 세자는 반찬도 없었다. 병조 판서 김응남이 진흙탕 물속을 분주히 뛰어다녔으나 여전히 마련할 수가 없었고, 경기관찰사 권징은 무릎을 끼고 앉아 눈을 휘둥그레 뜬 채 어찌할 바를 몰랐다.
>
> —『선조실록』 25년 4월 30일

어가를 따르며 호위하는 종친과 신하가 채 백 명도 되지 않았고, 음식도 미처 준비하지 못해 세자가 반찬 없이 밥을 먹을 정도로 초라한 광경이다. 그러면 이틀 전에 임금이 한양을 버리면 종묘의 대문 앞에서 자결하겠다던 신잡의 맹세는 어떻게 되었을까. 당연히 그 맹세는 지켜지지 않았는데, 신잡은 그로부터 15년이 지난 1607년 정2품의 개성유수을 지내고 벼슬을 그만둔 2년 후인 1609년에 죽었다. 신잡처럼 말하지는 않았지만 마치 임금이 피난을 가도 결코 한양을 떠나지 않을 것처럼 말했던 김귀영과 박동현도 한양을 떠났으며, 다른 신하들도 마찬가지였다.

한편, 임금이 떠난 것이 분명해지자 백성들의 동요는 극에 달했다. 임금이 몰래 한양을 떠나 피난길에 오르는 것은 백성들에 대한 보호의 의무를 저버리겠다는 선언이나 마찬가지였기 때문이다. 임금에서 노비까지

한양 도성 성곽

18km에 이르는 한양 성곽은 언뜻 보기에는 단단한 방어 준비로 보인다. 하지만 임진왜란과 병자호란이라는 두 차례 큰 전쟁에서 서울의 성곽은 전투 한번 제대로 치루지 않고 함락됐다.

물샐틈없이 잘 짜여 있던 통치시스템은 정점에 있는 통치자가 자리를 이탈해서 역할을 포기하자 도미노처럼 붕괴된다. 백성들은 국가의 통제에서 벗어나 개인의 이익을 위해 행동하기 시작했다. 관청이 약탈되고 궁궐과 고관들의 집이 불타올랐다. 특히 노비 문서를 보관하고 있던 장례원과 형조가 가장 먼저 불탔는데, 이런 혼란이 노비들에겐 천한 신분에서 탈출할 수 있는 기회였기 때문이다. 이런 대혼란을 야기할 만큼 임금이 도성을 버리고 피난을 간다는 행위는 그 당시 굉장히 충격적인 사건이었다.

그렇다면 대혼란을 감수하면서 선조가 한양을 떠난 이유는 무엇일까? 왜군이 빠른 속도로 올라오는 풍전등화의 위기상황이긴 했지만 신하들의 강력한 반대에서 볼 수 있는 것처럼 한양은 지켜야 하지 않았을까. 한양은 종묘사직이 있는 나라의 상징과도 같은 공간이기 때문이다. 게다가 둘레 약 18km의 성곽이 둘러싸고 있어 김귀영이 말했듯이 한양을 지키며 외부의 지원군을 기다려 협공할 수 있는 장기항전의 중심으로 삼았으면 되지 않았을까. 선조도 피난길에 오르기 전날인 4월 29일에 김명원을 도원수로, 신각을 부원수로 삼아 한강에 주둔하게 하고, 변언수를 한양에 남아 지키는 책임자인 유도대장(留都大將)으로 삼았다. 하지만 결국 선조와 조정은 한양을 전혀 방어하지 않고 포기해버린다. 그 결과, 일본군은 한양에 무혈입성한다.

> 적이 한양을 함락시키니 도검찰사 이양원, 도원수 김명원, 부원수 신각이 모두 달아났다. 이에 앞서 적이 충주에 도착했을 때 정예병을 몰래 보내 아군의 모습으로 꾸며 한양으로 잠입시켰다. 임금이 서쪽으로 피난길에 오르는 것이 이미 결정되었음을 염탐하여 알고는 드디어 길을 나누어 병사들을 진격시켰으니, 하나의 군대는 양지 · 용인을 거쳐 한강으로 달려왔고, 다른 하나의 군대는 여주 · 이천을 거쳐 (북한강의) 용진으로 전진

> 하였다. 적의 기병 대여섯 명이 한강의 남쪽 언덕에 이르러 장난삼아 헤엄쳐 건너는 시늉을 하자 (우리의) 여러 장수들은 변색하면서 좌우의 부하들을 시켜 말에 안장을 얹도록 명하니 군사들(의 대오)가 드디어 무너졌다. 이양원 등은 성을 버리고 달아났고, 김명원 · 신각 등은 각각 스스로 도망하여 흩어졌으므로 도성이 텅 비게 되었다. 적이 흥인문(동대문) 밖에 이르러 문이 열려 있고 방어시설이 철거된 것을 보고는 의심쩍어 감히 들어오지 못하였다. 먼저 병사 수십 명을 보내 도성에 들어와 수십 번을 살펴보고서는 종루에 이르러 군사가 한 명도 없음을 확인한 뒤에야 입성하였는데, 발이 부르터서 겨우 걸음을 옮기는 형편이었다고 한다.
>
> —『선조실록』 25년 5월 3일

한양 입성 과정에서 일본군은 조선군이 방어 자체를 완전히 포기했기 때문에 아무런 저항도 받지 않았다. 일본군은 흥인문이 열린 채 아무런 방어시설도 설치되지 않았음을 보고도 혹시나 매복이 있을까 정탐군을 보내 몇 번이나 확인한 후에야 도성에 들어왔을 정도로 조심스러웠다. 일본군조차 한양이 수도인 만큼 조선이 결사적으로 방어하리라 생각했던 것이다. 그럼에도 조선은 도성 성곽을 이용한 수성전 대신 피난을 선택했다. 도대체 어떤 속사정이 있었던 것일까?

한양은 왜 무방비로 함락되었을까?

선조가 한양을 버리고 의주로 피난길에 오른 날로부터 44년 후 16대 임금 인조는 또 다시 수도를 버리고 피난길에 오르는 역사를 되풀이한다.

1636년 12월 1일 청나라 태종은 조선을 직접 공격하기로 결정하고 12만 대군을 모아 수도인 심양을 출발한다. 9일에 압록강을 건너 선봉대는 의주부윤 임경업이 지키는 백마산성을 공격하지 않고 우회하여 계속 남하하였다. 청나라 군대가 평안도 안주를 지났다는 보고가 들어온 12월 13일만 하더라도 조선의 조정에서는 상대적으로 여유로운 생각을 하고 있었다.

조정에서는 청나라 대군이 평안도 안주에까지 이르자 혹시 있을지도 모를 사태에 대비하기 위해 임금이 강화도로 피난 가는 것과 그럴 경우 한양에 남아 책임지고 지킬 수 있는 지휘관인 유도대장의 선출까지 논의했다. 하지만 위기를 분산시키기 위해 임금과 세자가 나누어 피난하는 분조(分朝)를 허가하지 않는 등, 청나라의 군대가 수도까지 깊숙이 쳐들어오지 못할 것이라는 분위기가 지배적이었다. 그러나 청나라의 군대가 압록강을 건넌 지 5일도 지나지 않아 개성을 지났다는 보고가 들어오면서 상황은 급변한다.

전혀 예상하지 못한 상황에 처하자 조정에서는 우선 나라를 상징하는 종묘와 사직의 신주, 그리고 세자빈을 강화도로 보냈다. 그리고 한양을 방어할 유도대장을 임명하고는 임금 역시 강화도로 피난하고자 하였다. 하지만 청나라 군대가 양처리벌(지금의 서울특별시 은평구 불광동)까지 다가왔다는 말을 듣고 따라잡힐 수도 있다고 판단해 강화도 피난을 포기하였다. 대신 최명길을 보내 청나라 군대의 진격을 잠시 멈추게 하는 사이 급하게 수구문을 통해 남한산성으로 피난했다. 남한산성에 도착하고 나서도 강화도로 피난을 시도했지만 상황이 여의치 않자 포기한다.

강화도는 유라시아 대륙에 걸쳐 대제국을 건설했던 몽골군도 39년 동안 함락시키지 못했던 곳이다. 사방에 넓은 갯벌이 있어 썰물 때는 푹푹 빠지기 때문에 대규모 군대의 상륙이 거의 불가능하기 때문이다. 게다가 강화도와 김포 사이, 강화도와 북한의 개성직할시 사이에는 바닷물이 썰물 때는 바다 방향으로, 밀물 때는 육지 방향으로 거세게 흐르기 때문에 대규모 군대를 배에 태우고 육지와 강화도 사이를 오갈 수 있는 최적의 시기는 밀물에서 썰물로 바뀌면서 바닷물의 흐름이 잠시 멈추거나 약할 때밖에 없다. 이때 역시 갯벌 때문에 방어하는 측에서는 침략군의 상륙을 막기 용이하다.

물론 이는 육지 쪽에서 강화도를 공격할 때만 해당된다. 바다에서 배를 타고 공격했던 왜구의 경우 고려의 수도 가까이에 있었던 강화도를 마음대로 침략하여 약탈하였다. 하지만 청나라 군대는 바다가 아닌 육지 쪽에서 공격할 것이기 때문에 강화도를 장기전의 중심으로 삼고자 했던 조선의 전략은 타당한 것이었다. 뿐만 아니라 강화도는 배를 이용하여 충청도·전라도·경상도에서 물자를 지속적으로 공급할 수 있는 이점도 있어 충분한 대비 없이 방어하더라도 장기전을 구사할 수 있는 곳이다. 그러나 전쟁의 상대였던 청나라의 전략은 조선이 예상하지 못했던 변수를 만들었다.

병자호란 이전에 벌어진 정묘호란 때는 1627년 1월 13일 압록강을 건넌 후금의 3만 군대가 의주-능한산성을 함락시키고 21일에는 안주까지 점령하였다. 이윽고 평양을 함락시키고 황해도 황주까지 진출한 26일에 임금이 강화도로 피난을 떠나 27일에 도착하였다. 후금의 군대는 계속 남하했지만 황해도 평산에서 멈추었다가 3월 3일에 화친을 맺은 후 돌아갔다. 그런데 병자호란 당시 청나라는 정묘호란의 경험을 살려 임금이 강화도로 피난 가서 장기항전의 거점으로 삼는 것을 불가능하게 만들기 위해 속도전을 펼쳐 압록강을 건넌 지 불과 5일 만에 한양까지 압박하였다. 그 결과 선조와 조정은 강화도로 피난조차 가지 못하고 외부와 고립된 남한산성으로 급하게 이동해야만 했다.

청나라의 군대는 선조가 남한산성으로 피난 간 다음 날 남한산성 아래에까지 이르렀고, 곧바로 산 전체를 포위했다. 조정에서는 청나라 군대가 한양까지 도착하기 전에는 상당수의 병력을 서울의 도성 안에 남겨두어 전투를 치루며 청나라군의 남하를 저지할 생각으로 심기원을 유도대장으로 삼았다. 하지만 막상 청나라 군대가 서울의 성곽을 지나갈 때 아무런 저항도 받지 않았으며, 조선군이 서울의 성곽 안에 주둔하며 성벽을 사이에 두고 청나라의 군대와 치열한 공성전이 벌어지지도 않았다.

임진왜란 때와 똑같은 상황이 벌어진 것이다. 조선은 불과 몇십 년 사이에 두 번에 걸쳐 가장 중요한 수도를 완전히 포기한 셈이다. 왜 이런 일이 벌어졌을까?

명당은 방어에 유리할까?

이에 대해 납득할 수 있는 설명을 하려면 먼저 서울이 방어에 유리하다는 기존 상식부터 깨야 한다. 풍수의 전문가들은 보통 득수국(得水局)의 명당은 방어에 취약하고 장풍국(藏風局)의 명당은 방어에 유리하다고 말한다. '물을 얻기 쉬운 형국'이라는 뜻의 득수국 명당은 평양처럼 강변에 위치하는데, 평지가 많아 지형을 이용하기 어렵고 수로를 이용한 침략군의 이동이 쉽기 때문에 방어에 불리하다는 것이다. 하지만 이런 생각은 잘못된 것이다. 득수국의 명당으로 유명한 대동강변의 평양성은 나당연합군의 공격에 맞서 1년 이상 견딘 고구려의 수도로, 대규모 장기전에 높은 방어력을 갖고 있었다. 또한 백제의 수도였던 금강변의 공산성이나 부소산성 역시 대규모의 장기전에 높은 방어력을 갖고 있었다. 반면, '바람을 가두기 쉬운 형국'이란 뜻의 장풍국 명당은 개성과 서울처럼 산과 산줄기가 사방을 둘러싼 분지로 강변에서 어느 정도 떨어져 있어야 하는데, 경사가 심한 지형을 이용하여 성곽을 축조하기 때문에 방어력이 높다는 것이다.

그런데 임진왜란(1592~1598)과 병자호란(1636.12~1637.1) 때 그렇게 방어에 유리하다는 장풍국의 명당인 서울을 왜 방어하지 않은 것일까. 임금의 경우 사로잡히면 큰일이기 때문에 만약의 상황을 대비해 다른 곳으로 피난을 갈 수 있다고 치자. 하지만 서울을 지키는 지휘관인 유도대장이란 임시 직책을 만들어놓고도 전혀 방어하지 않아 왜군과 청나라의 군대가 무혈입성하게 만들었다는 점은 도무지 이해하기 어렵다. 그런데 이는 서울에만 해당되는 일이 아니었다.

고려 역시 마찬가지였는데, 대규모 외적의 침입 횟수와 수도인 개성까지 함락된 횟수로 치면 조선보다 고려가 더 많았다. 개성이 함락된 경우만 살펴보면 1010년 거란군의 2차 침입, 1231년부터 1256년까지 있었던 몽골의 일곱 번에 걸친 침입, 1361년 홍건적의 침입 등이 있다. 그런데 이때도 장풍국의 명당 측면에서 서울보다 더 좋을 뿐만 아니라 한반도에서 최고라고 인식된 개성을 적극적으로 방어한 적이 거의 없다. 그때마다 임금은 개성을 떠나 피난을 갔고, 개성에 대규모의 군대를 주둔시키며 장기항전의 중심으로 삼은 적이 거의 없다.

이렇게 대규모 외적의 침입이라는 역사에서 장풍국의 대표적인 명당으로 꼽혔던 개성과 서울을 실질적으로 방어한 적이 거의 없었다. 그럼에도 오늘날 장풍국의 땅이 방어에 유리하다는 풍수에서 유래한 지식이 상식으로 받아들여지는 것은 이해하기 어렵다. 역사에 대한 이해는 연구자의 관념적 믿음이 아니라 실제로 벌어졌던 현상에 기초하여 이루어져야 한다는 것이 역사 연구의 기본이다. 그럼에도 득수국·장풍국의 명당과 방어의 관계를 연구할 때 이를 제대로 검증하지 않고 지금까지 통설로 받아들이고 있다는 상황은 연구자들 스스로 반성하고 넘어가야 할 부분이다.

서울 성벽은 왜 해자가 없고, 낮을까?

공성전은 공격하는 쪽이 방어하는 쪽보다 힘이 우세할 때 나타난다. 만약 방어하는 쪽이 공격하는 쪽보다 힘이 강할 경우 군이 성벽 안쪽에서 방어할 필요 없이 성벽을 나가 평야에서 대회전을 벌여 승리할 수 있기 때문이다.

공성전이 벌어지게 되면 성벽을 공격하는 측은 모든 성벽을 동일한 힘으로 공격하지 않는다. 묘청의 난 당시 이런 공방전의 모습이 기록에 생생히 묘사되고 있다.

> 적들은 10월에 식량이 떨어지자 노약자와 부녀자를 구분하여 성 밖으로 내보냈는데, 모두 여위고 굶주려서 사람의 얼굴 모습이 아니였다. 병사들도 간혹 나와서 항복하였다. 김부식이 공격할 만한 상황이 되었음을 알고, 여러 장수들에게 명령하여 흙산을 만들도록 하였다. 먼저 양명포의 산 위에 목책을 세우고 군영을 설치한 후 최전방군을 이동시켜 그곳에 주둔하도록 하였다. 서남지역 고을의 군대 23,200명, 승군 550명에게 흙과 돌을 나르고 나무를 모으도록 하였다. 장군 의보·방군·노충·적선에게 정예병사 4,200명, 북계(北界)의 고을과 군사요충지의 병사 3,900명을 데리고 유격군으로 삼아 적의 기습 공격과 약탈을 방어하도록 명하였다. 11월에는 모든 군사에게 최전방군이 주둔한 곳에 가서 흙으로 산을 만들도록 하였는데, 양명포를 넘어 적의 성벽 서남 모퉁이에까지 이르

게 되었다. 밤낮으로 계속 독려하자 적이 놀라서 정예병사를 내어 전투가 벌어졌고, 또 성 머리에 쇠뇌와 투석기를 설치하여 전력을 기울여 항거하였다. 관군은 적절하게 방어하면서 북을 시끄럽게 두드리며 성을 공격하여 적의 형세를 분산시켰다. 외지인으로 조언이란 사람이 있었는데, 투석기를 만들어 흙산 위에 설치할 계책을 제안하였다. 그것을 만들어 놓으니 높고 커서 돌무더기 수백 근을 날려 보내 성벽과 문루를 맞춰 부수었고, 계속해서 불붙은 공을 쏘아 보내 불태우니 적이 감히 접근하지 못하였다. 흙산은 높이가 여덟 길(8丈=80尺≒24m)이고, 길이가 70여 길(약 210m)이며, 넓이가 열여덟 길(약 54m)이었는데, 적의 성벽과 몇 길밖에 떨어지지 않았다. (이에) 김부식이 다섯 군영의 군대로 성을 공격하였지만 또 이기지 못하고, 녹사 박광유 등이 죽었다.

—『고려사』98권 열전 제11 김부식전

김부식의 토벌군이 흙산을 만들어 평양성에서 가장 취약한 서남쪽 모퉁이를 집중 공격했던 것처럼 성벽 중에서 가장 취약한 부분을 집중 공격하는 것이 공성전에서 나타나는 일반적인 방법이다. 공격하는 쪽이 방어하는 쪽보다 힘이 훨씬 강하기 때문에 한 곳만 뚫려도 그 전투는 공격하는 쪽의 승리로 귀결된다. 서울 성곽의 둘레는 약 18km의 초대형으로, 인구가 최소 10만에서 최대 30만에 육박했던 도시의 상당 부분을 나성이 둘러싸고 있다. 그런데 초대형 나성이 많았던 중국 바로 옆에 위치해 있어서 그런지 초대형 규모인 서울 성곽을 당연하게 여기는 것 같다. 하지만 서울 성곽보다 더 긴 나성을 갖고 있었던 도시는 생각보다 많지 않다. 서양 고대문명을 이야기할 때 빠지지 않는 예루살렘 성벽의 길이가 서울 성벽의 1/4도 안 되는 4km에 불과하고, 중세 유럽의 성곽들 역시 중소형이었다. 일본의 경우 에도시대에 축조된 성곽을 보더라도 서울보다 긴 성곽은 하나도 없었다.

성곽의 둘레가 길다고 방어력이 높은 것은 아니다. 성곽의 둘레 길이와 방어력의 관계는 전투의 규모에 따라 달라진다. 만약 500명 안팎의 군대가 방어하는 중소형의 전투가 벌어졌다면 둘레 약 18km에 달하는 서울의 성곽은 전혀 방어력이 없다. 500명의 방어군으로 약 18km에 이르는 모든 성벽에 병사를 배치할 수는 없기 때문이다. 공격하는 쪽에서 야간 등을 이용하여 병사가 배치되지 않은 성벽을 넘어 공격하면 쉽게 함락되기 때문이다. 크기라는 측면에서 둘레 약 18km의 서울 성곽이 방어력을 가지기 위해서는 그만큼 많은 병력이 방어에 필요하다. 따라서 대규모의 공성전이 벌어졌을 때만 방어력을 가질 수 있다.

세계에서 서울의 성곽처럼 초대형의 나성을 산·산줄기와 평지가 만나는 분지를 둘러싸서 만든 경우는 거의 찾을 수 없을 정도로 희귀하다. 초대형의 나성이 많았던 중국의 경우 산과 산줄기에서 멀리 떨어진 평지에 만드는 것이 일반적이었다. 330년 콘스탄티누스 황제가 로마에서 수도를 옮긴 후 동로마제국을 거쳐 오스만튀르크 제국까지 약 1600년 동안 거대한 제국의 수도였던 이스탄불의 성곽은 바다를 낀 언덕 위에 만들어졌다. 공격하는 쪽이 성벽을 쉽게 공격할 수 없도록 하기 위해서는 성벽 근처에 성벽보다 더 높은 지대가 없어야 하고 물이 고여 있는 30m 폭 이상의 넓은 해자가 있어야 하기 때문이다. 산줄기가 평지와 만나는 분지의 경우 이 두 가지 조건을 모두 갖추기가 어렵다.

서울 성곽의 경우 가장 취약한 부분은 물이 빠져나가는 흥인지문(동대문) 방향의 동쪽과 산줄기가 아주 낮은 숭례문(남대문) 방향의 서남쪽이다. 이 구간은 평지에 가깝지만 물이 높은 곳에서 낮은 곳으로 흐를 수 있는 경사 지형이어서 깊고 넓은 해자를 만들어 물을 가두기가 쉽지 않다. 만약 넓은 해자를 만들어 물을 가둔다고 하더라도 공격하는 쪽에서 해자

콘스탄티노플 성벽과 단면도

동로마제국의 수도였던 콘스탄티노플은 난공불락의 요새로 명성이 높았다. 방어를 위해 해자와 삼중의 성벽을 갖추고 있었으며 성벽 높이는 10미터가 넘었다. 성벽을 넘기 위해 다양한 공성도구가 사용되었지만 모두 실패하였다. 그러나 1453년 콘스탄티노플은 20톤 무게의 초대형 우르반 대포를 동원하고 방어군보다 열 배가 넘는 군사를 동원한 오스만 제국에 50일 넘는 공방전 끝에 마침내 함락된다.

의 일부분을 터놓아 물을 빼내기가 쉽기 때문이다.

해자 설치가 어렵다 해서 이 구간에 높은 방어력을 갖추는 다른 방법이 없는 것은 아니다. 첫째, 공격이 어려울 정도의 높은 성벽을 축조하고, 둘째, 성문을 공격하는 적을 여러 방향에서 공격할 수 있는 옹성을 설치하며, 셋째, 옹성이 없다고 하더라도 성문 부분을 안쪽으로 휘어들어가게 만들어서 성문을 공격하는 적을 양 옆의 성벽에서 집중 공격할 수 있는 구조로 만드는 것이다.

서울 성곽도 가장 평평한 지형인 동쪽의 흥인지문에 옹성이 만들어져 있다. 평평하지는 않지만 경사도가 낮은 비탈 위의 숭례문과 돈의문은 성벽이 안쪽으로 휘어져 있게 설계하여 나름 방어를 고려하여 축조했음은 분명하다. 하지만 방어력의 측면에서 서울 성곽의 가장 큰 문제점은 성벽의 높이에 있다. 1396년 처음으로 서울 성곽을 쌓을 때는 산지는 돌로, 평지는 흙으로 쌓았는데, 1422년에 모두 돌로 고쳐 쌓았다. 가장 험한 곳의 성벽 높이는 16자, 4.9m이고, 경사가 심한 곳은 20자, 6.13m이며, 경사가 거의 없는 평지는 23자, 7m이다.◓ 경사가 가장 험한 곳이라 함은 북악산·인왕산의 등성이처럼 경사가 아주 심한 곳이고, 평지라 함은 경사가 거의 없거나 약한 흥인지문이나 숭례문 지역을 가리킨 것이다. 현재 이 지역에 남아 있는 성벽을 보면 앞의 기록에 나오는 높이와 거의 동일하다. 그러면 이 정도 높이의 성벽은 과연 대규모의 공성전이 벌어졌을 때 방어력이 있었을까?

다른 나라의 성벽과 비교해보면 대략적으로 추정해볼

◓ 성곽의 축조 때 사용되던 자는 영조척으로 1자의 길이는 약 0.3065m로 알려져 있다.

옹성이 축조된 흥인지문 성벽

동대문(흥인지문)은 4대문 중 유일하게 옹성이 축조되어 있지만 실제 방어를 위해서가 아니라 상징적인 의미가 강했다. 풍수에서 볼 때 서울은 동쪽이 약해서 이를 보완하기 위해 이름에 之를 넣어서 4자로 짓고, 옹성을 쌓았다.

중국의 산해관 성벽

만리장성 동쪽 끝에 위치한 산해관은 천하제일관이라는 현판대로 무서운 기세로 성장하던 청나라조차 넘지 못한 요새였다. 높이 14m에 달하는 성벽을 자랑하는 산해관을 청나라는 무력으로는 끝내 함락시키지 못하고, 산해관을 지키던 오삼계의 협력으로 간신히 통과할 수 있었다.

오사카성의 해자

넓은 해자는 성벽과 함께 평지에 위치한 성의 방어력을 높이는 가장 중요한 요소였다. 해자는 성벽으로의 접근성과 기동성을 떨어뜨리는데, 제 역할을 하기 위해서는 일정 수준 이상의 너비와 깊이를 갖추어야 한다.

수 있다. 실제 공성전이 벌어졌던 중국과 일본의 성벽은 대부분 10m 이상이어서 서울 성벽보다 훨씬 높다. 게다가 거의 대부분 30m 이상의 넓은 해자를 갖추고 있으니 서울 성곽에 비해 방어력이 훨씬 높다.

중국·일본의 전통성곽과 서울 성곽 사이에 나타난 이와 같은 차이는 다른 문명권의 성곽과 비교해도 다르지 않다. 세계사에서 존재했던, 평지나 낮은 언덕 위에 축조된 성벽의 높이는 아무리 낮아도 10m 이상이며, 평지의 경우 30m 이상의 해자를 갖추었다. 이처럼 서울 성곽처럼 평지나 평지에 가까운 터에 최대 높이 약 7m밖에 안 되는 낮은 성벽과 해자도 갖추지 않은 경우는 찾아보기 힘들다. 더군다나 18km에 이르는 긴 성곽은 그만큼의 많은 방어병력을 필요로 한다. 이렇게 봤을 때 임진왜란이나 병자호란 때 공성전이 벌어졌다 해도 쉽게 함락되었을 것이다. 이런 사실은 실제로 전투가 임박했을 때 방어를 맡은 장수들 스스로가 누구보다 잘 알았을 것이다. 그랬기에 부족한 병력으로 이런 넓은 성곽을 막기가 역부족이라는 사실을 깨닫고 적이 근접하자 서울 성곽을 포기하고 후퇴할 수밖에 없었던 것이다.

왜 높은 성벽을 만들지 않았을까?

한국의 성곽이 원래부터 낮았던 것은 아니다. 백제가 축조한 풍납토성의 성벽은 10m 이상의 높이에 해자까지 팠으며, 목책과 같은 방어시설도 발견되었다. 경주 월성의 해자 역시 폭이 최대 40m에 깊이가 2m가량이나 된다. 조선의 성곽에 익숙한 지금의 우리는 좀처럼 상상하기 어려운 모습이다.

삼국시대와 통일신라시대 황해도-강원도 이남의 성곽은 주로 산 정상을 둘러싼(테뫼식) 둘레 2,000m 미만의 중소형산성이었다. 둘레 2,000m를 넘는 대형·초대형산성은 백제의 공산성·부소산성·대흥산성, 신라 경주의 명활산성·남산신성·부산성과 광주의 일장성(후대 남한산성) 정도에 불과했다. 중소형산성의 경우 중소규모의 단기전에는 높은 방어력을 갖고 있지만 물이 없어서 장기전에 매우 취약하다. 반대로 대형·초대형산성은 산 정상을 포함한 골짜기까지 둘러싸고 있어서(포곡식) 물이 풍부하다. 그래서 장기전에는 유리하지만 중소규모의 단기전에는 적합하지 않다.

서울 성곽의 기원을 추적해보면 고려의 수도 개성으로 거슬러 올라간다. 한반도와 만주에서 산과 평지가 만나는 분지 지형에 서울 성곽처럼 방어력이 부족한 성곽이 처음으로 출현한 도시가 바로 개성이었다. 후삼국시대 왕건이 주도하여 개성에 축조한 둘레 약 8.7km의 발어참성, 강감찬의 제안으로 거란족의 침입에 대비하기 위해 축조한 길이 약 16km의 나성, 1393년 나성이 너무 커서 지키기 어렵다고 판단하여 이성계의 주도로 축조한 길이 약 8.5km의 내성(內城) 모두 성벽의 높이가 서울 성곽과 비슷하다. 이것은 서울 성곽을 축조할 때 최소한 성벽의 높이라는 측면에서 중국의 성곽이 아니라 개성의 성곽을 기준으로 삼았음을 보여준다.

여기에서 중요한 사실은 이전에 쌓았던 산성의 성벽과 개성의 성벽 높이가 비슷하다는 점이다. 산성은 주변에 더 높은 지대를 만들어 공격할 수 없고, 성벽의 높이가 낮아도 급경사의 산 지형을 이용하였기 때문에 평지에 10m 이상의 높이로 축조한 성벽보다도 더 높은 방어력을 갖고 있다. 하지만 평지의 성곽에 산성의 성곽 높이를 그대로 적용하면 방어력이 현저하게 낮아질 수밖에 없다. 그런데 산과 산줄기로 둘러싸인 분지에 들어선 개성의 성벽을 축조하면서 당시 일반적이었던 산성의 성벽 높이가 그대로 적용됐다.

풍납토성

풍납토성은 발굴 초기에는 도성을 방어하는 작은 토성 정도로 여겨졌다. 그러나 추가 발굴조사를 통해 많은 유물과 함께 10m가 넘는 토성과 해자가 발견되면서 거대한 규모가 드러났다. 현재는 백제의 수도 위례성이었던 것으로 추정하고 있다.

고구려가 쌓았던 백암산성

중국과 잦은 전투를 벌여야 했던 고구려성은 높은 성벽과 치 같은 방어력을 높이는 구조로 축조되었고, 중국 요령성의 백암산성처럼 지형을 최대한 활용해 지어졌다.

개성의 성곽에서도 높은 산과 산줄기 부분은 성벽의 높이가 산성과 같거나 비슷해도 경사를 이용하여 축조하였기 때문에 방어력에서 별 문제가 없다. 하지만 평지나 평지에 가까운 지형에도 성벽의 높이를 기존 산성과 비슷하게 축조하였는데, 경사를 이용할 수 없는 평지에서는 방어력이 부족할 수밖에 없었다. 이런 부분에서 방어력이 있으려면 앞쪽에서 여러 번 강조했듯이 산성보다 훨씬 높게 성벽을 쌓고 공격에 취약한 성문 부분을 보강하기 위한 옹성과 같은 추가 구조물를 설치하거나 넓은 해자를 건설해야 한다. 그러나 개성의 성곽에는 그런 보완책을 찾아볼 수 없다. 그 결과, 외적이 대규모로 수도 개성까지 침입하는 상황에 처했을 때 고려는 개성을 수성하면서 장기전을 벌이는 전략을 거의 사용하지 않았다.

이러한 성곽은 세계적으로 봐도 찾아보기 힘든 희귀한 사례다. 이해하기 힘든 부분은 사신의 파견이나 다른 교류를 통해 높은 성벽과 해자 시설을 갖춘 중국의 평지 성곽을 수없이 보았을 텐데도 개성에서 이를 따라하지 않았다는 점이다. 특히 약 80년간 지속된 원나라 간섭기는 25대 임금 충렬왕부터 31대 임금 공민왕까지 원나라의 수도인 대도(大都)에서 상당히 오랫동안 거주하였으며, 일반인도 중국 대륙의 수도를 역사상 가장 자유롭게 드나들던 시기이기도 했다.

당시 몽골은 거대한 제국을 건설하였기 때문에 정치적·경제적 영향력뿐만 아니라 문화적 영향력 역시 막대했다. 그럼에도 대도를 비롯하여 원나라의 도시에서 흔히 볼 수 있었던 높은 성벽과 해자 시설은 고려의 수도인 개성에 도입되지 않았다.

산이 드문 곳에는 높은 건물을 짓고, 산이 많은 곳에는 낮은 것을 만든다

관후서에서 주장하기를 "『도선밀기』를 살펴보면 '산이 드문 곳에서는 높은 건물을 짓고, 산이 많은 곳에서는 낮은 것을 만든다'고 하였습니다. 산이 많다는 것은 양(陽)이 되고, 산이 드물다는 것은 음(陰)이 되는데, 높은 건물은 양이 되고, 낮은 건물은 음이 됩니다. 우리나라는 산이 많아서 만약 높은 건물을 지으면 반드시 지기를 손상시키게 됩니다. 따라서 태조 이래로 궁궐 안이 아니더라도 집을 높게 짓지 않았고, 민가에서도 모두 높게 짓는 것을 금지시켰습니다. 지금 들어보니 조성도감에서 원나라 건물의 규모를 참고하여 높은 다층 건물을 만들고자 한다고 하는데, 이것은 도선의 말을 따르지 않은 것일 뿐만 아니라 태조(가 지키라고 한) 제도를 지키지 않는 것입니다. 하늘은 강하고 땅은 부드러운 이치를 따르지 않고 남편이 주관하고 아내가 따르는 도덕이 조화를 이루지 못하면 장차 예측할 수 없는 재앙이 있을 수 있으니, 삼가지 않을 수 있겠습니까. 옛날에 진나라의 헌공이 9층의 누대를 만들려고 하니 순식이 열두 개의 넓은 바둑알을 포갠 후 다시 아홉 개의 달걀을 그 위에 올려놓고 충언을 올려 말하기를 '한번 나라를 잃는 것이 이보다 더 위험하겠습니까?'라고 하니, (헌공이) 드디어 그 누대를 허물어 버렸습니다. 바라옵건대, 전하께서는 그 점을 살펴주시옵소서"라고 하니 임금이 그 말을 받아들였다.

—『고려사』 충렬왕 3년 7월

몽골 제국이 최전성기를 누리던 1277년(충렬왕 3년)의 상황을 전하는 앞의 기록을, 산이 많은 지형적 특징 때문에 높은 건축물을 만들지 않았음을 보여주는 증거로 이해하면 안 된다. 3장에서 이야기했듯이 산지 지형이 많은 나라에서도 높은 건축물을 지은 사례는 많으며, 한반도에서도 삼국시대까지는 높은 건축물이 많이 만들어졌기 때문이다.

이 기록에서 핵심은 최고 통치자인 임금을 포함하여 당시의 고려 사람들이 『도선밀기』로 언급된 풍수를 절대적인 기준으로 삼아 지형과 건축물 높이를 이해했으며, 높은 건축물을 받아들이지 않았다는 사실이다. 임금의 교체를 비롯해 나라의 운명을 좌지우지할 수 있는 주요 사항에 대한 결정권이 원나라에 있었던 당시 상황을 고려했을 때 그만큼 고려 사람들이 풍수라는 이데올로기를 확고하게 믿고 있었기 때문에 가능했던 상황이라 할 수 있다.

경천사지 10층 석탑

충목왕 때 세워진 경천사지 10층 석탑은 원나라의 영향을 받아 화려하고 장식이 많은 것이 특징이다. 이처럼 원나라의 부마국이었던 고려는 사회 전반에서 원나라의 영향을 많이 받았다. 그러나 이런 상황에서도 풍수의 전통은 뿌리 깊게 자리 잡아 풍수에서 파생된 건축원리가 조선까지 이어진다.

앞의 기록은 왜 고려에서 평지에 기하학적으로 건설된 원나라의 대도를 닮고자 하는 어떠한 시도도 없었는지를 알려주는 증거이다. 한반도가 산지가 많은 지형이라고 해도 원나라와 닮고자 했다면 고려의 영역 내에서 후삼국시대 철원평야의 한가운데에 만들어진 태봉 궁예의 도성처럼 평지가 넓게 펼쳐진 지형을 찾는 것이 불가능한 일은 아니었다. 그만큼 풍수가 고려의 기반 깊숙이 뿌리내리고 있었던 것이다.

고려뿐 아니라 조선에서도 매년 몇 차례씩 명나라와 청나라에 수많은 사신단을 보냈기 때문에 수도였던 북경의 높은 성벽과 넓은 해자를 수없이 보았을 것이다. 또한 산해관을 비롯하여 서울에서 북경을 오가는 사이에 있었던 명나라와 청나라의 많은 지방도시의 성벽도 보았을 것이다. 그럼에도 고려가 그랬던 것처럼 조선 역시 수도 한양에 명나라와 청나라의 높은 성벽과 넓은 해자를 모방하지 않았다.

풍수에 대한 믿음이 대도를 비롯하여 원나라에서 성행했던 다층 건물의 양식을 모방하려는 것에 대해 강력히 저항하는 바탕이 되었고, 결국 받아들이지 않았던 결과와 일맥상통한다.

흥미로운 점은 조선에서는 이런 현상이 수도인 한양에서만 나타난 것이 아니라 전국 곳곳에 축조된 고을의 읍성에서도 똑같이 나타났다는 사실이다. 이 모든 현상들은 풍수로부터 파생된 건축원리가 풍수와 마찬가지로 한반도에서 확고하게 뿌리를 내렸기 때문이라는 해석 외에는 달리 설명하기 어렵다.

소 잃고 산성 고치기

임진왜란 때 동원된 일본군은 전국시대를 거치면서 수많은 실전을 통해 단련된 정예군이었다. 반면 조선은 세종 때 왜구를 평정한 이후 200년 가까이 평화로운 시기를 보냈다. 따라서 임진왜란 초창기에는 군인 수와 훈련 정도, 군대의 동원체제, 지휘체계 등 전쟁의 총체적인 준비 상태에서 일본군의 적수가 될 수 없었다.

이런 상황에서 전쟁 시작 후 20일도 되지 않아 수도인 한양이 함락되고, 두 달도 되지 않아 평양까지 점령된 것은 당연한 결과였는지도 모른다. 이렇게 강한 외적을 물리치는 최선의 방법은 정면으로 맞서기보다는 전력이 약함을 인정하고 쉽게 함락되지 않는 성에 들어가 장기항전을 취하는 것이다. 그리고 적의 보급로를 끊으면서 전투력을 약화시켜 퇴각하게 만든 후 역공을 가하는 것이 일반적인 대응이라 할 수 있다. 이는 고구려가 수와 당의 침입 때, 고려가 몽골의 침입 때 사용했던 방법이다. 일본군이 남해안으로 퇴각해 있던 1593년 12월 3일 비변사에서 올린 보고서에서 이러한 사정을 확인할 수 있다.

> 우리나라는 삼국시대부터 고려 말기에 이르기까지 외침(外患)이 그치지 않아서 전쟁이 말할 수 없이 많았지만 지탱하며 지켜낼 수 있었던 것은 단지 산성의 장점이 있었기 때문입니다. 옛사람들이 외침을 대비함에 있어 이것에 제일 관심이 깊었는데 태평세월이 계속된 이후로는 전혀 축조하지 않았기 때문에 흉적들이 한번 일어나니 승승장구하여 이르는 곳마다 (우리의 군대가) 패하여 달아나니, 흩어져 달아난 백성들마저도 몸을 숨길 곳이 없어 모두 적의 칼날에 죽게 하였으니, 말하기에도 참혹합니다.
>
> 지금 만약 곳곳에 지형을 (잘) 선택하여 산성을 수리한 다음 백성을 독려하여 들어가 지키게 하고, 국가와 민간에서 비축해 놓은 것을 모두 모아다가 그 안에 두며, 들을 깨끗이 비운 상태에서 기다리면 적이 올려다보면서 공격하게 되어 번번이 패배할 것입니다. 또 들에는 노략질할 것이 없어 군량을 대기가 어렵게 되어 반드시 우물쭈물하다가 스스로 퇴각할 것입니다. 그들이 (이렇게) 퇴각하는 때를 이용하여 각 진영에서 정예병을 출동시켜 적의 앞뒤를 끊거나 또는 귀로에서 요격한다면 몇 번을 넘지 않아 적의 기세는 자연스럽게 약해지고 아군의 기세는 저절로 높아질 것입니다. 오늘날 적을 막는 방책으로 이보다 더 나은 것이 없습니다.
>
> —『선조실록』 26년 12월 3일

비변사가 지적한 산성 방어전의 핵심은 충분한 군량을 산성 안에 옮겨 장기전을 준비하면서 침략군이 식량을 조달하지 못하도록 성 밖에 남아 있는 집과 식량을 모두 없애버리는 것이다. 이를 한자로는 '들을 깨끗이 한다'는 뜻의 청야(淸野)라는 단어로 표현하는데, 그렇게 하면 침략군은 군사들의 식량을 자국에서 스스로 조달해야 하는 어려움에 빠진다. 만약 침략군이 산성을 함락시키지 않고 전진하면 산성에 남아 있던 방어군이 산성을 나와 후방의 보급로를 끊게 되어 더 큰 위험에 처하게 된다. 따라서 침략군은 산성을 함락시키며 전진하거나 함락시키지 않고 전진하는 방법 중 하나를 선택해야 한다. 두 가지 방법 모두 침략군에게는 큰 손실이 아닐 수 없다.

산성은 높은 곳의 급경사를 이용하여 성벽을 쌓아 방어하는 것이기 때문에 방어력이 상당히 높다. 따라서 산성의 병력이 격렬하게 저항하면 많은 피해를 감수해야 한다. 이런 산성이 줄지어 늘어서 있을 경우 모든 산성을 함락시키는 과정에서 침략군의 전력은 점차 약화될 수밖에 없다. 이를 피하고자 개별 산성을 함락시키지 않고 전진하려면 산성에서 나와 보급로를 끊으려는 방어군을 막을 수 있는 군대를 계속 남겨두어야 한다. 이런 산성이 연이어 있을 경우 남겨두어야 하는 군대의 수가 많아져 최전방군의 전력은 계속 약화될 수밖에 없다. 결국 산성 방어전은 훨씬 강한 외적의 침입을 장기전을 통해 물리칠 수 있는 최선의 방법이 되는 것이다.

하지만 조선 초기 이후 200년 가까이 외적의 대규모 침입을 겪지 않은 태평시대가 이어지면서 모든 산성들이 관리가 제대로 되지 않아 사용하기 어려울 정도로 황폐화되었다. 이것은 단지 시간이 지나면서 자연스럽게 나타난 문제가 아니라 왜구가 거의 사라진 1420년대 전후부터 평지 또는 평산지의 읍성을 주요 방어시설로 선택하면서 의도적으로 산성 중심의 방어 전략을 포기했기 때문에 나타난 결과였다. 이러한 읍성 중심의 방어 전략은 임진왜란이 시작되자마자 아무런 효용이 없다는 것이 증명되었다.

> 대체적으로 보면 적이 믿고서 승승장구하는 것은 오직 조총이 있기 때문입니다. 우리나라의 평지에 있는 성은 대다수가 (성벽이) 낮기 때문에 적이 (인공적으로 만든) 높은 누각 (위에 올라가) 성안을 내려다보면서 조총을 난사하여, 성을 지키는 군사들이 감히 머리를 내놓고 (공격하지) 못하게 한 다음, 용기 있는 적이 긴 사다리와 예리한 칼을 가지고 성첩에 매달려 곧 바로 올라와 큰 삽으로 성을 파괴하곤 합니다. 이 때문에 성을 지킬 수가 없는데, (1593년 6월에 있었던) 진주성 전투에서도 그러했습니다. 만약 산성이라면 높게 공중에 솟아 있으므로 비록 높은 누각이 있더라도 쓰기가 어렵습니다. (그리고) 올려다보며 조총을 발사해도 (총알이) 곧바로 올라갔다가 도로 떨어지게 되므로 적이 갖고 있는 장점이 모두 소용이 없게 됩니다. 아군이 활이나 돌수레로 위로부터 물을 붓듯이 쏘아대면 비록 적이 원숭이 같이 날렵하더라도 어찌할 수가 없을 것입니다. 오직 이와 같기 때문에 인천산성 · 구월산성 · 미타산성 · 행주산성의 전투에서 모두 땅의 급한 경사를 이용하여 승리를 달성한 것입니다.
>
> —『선조실록』 26년 12월 3일

왜구의 침입이 가장 심했던 고려 말, 피해가 컸던 경상도의 해안가와 내륙의 큰 고을을 중심으로 축조되기 시작한 읍성은 우리나라의 성곽 역사에서 이전에 없던 것이었다.

이전까지는 고을의 중심지에 중소규모의 단기전에 높은 방어력을 갖춘 중소형의 테뫼식 산성 또는 진주성과 달성처럼 절벽지형을 이용해 축조한 중소형의 요새성이 있었다. 반면에 읍성은 일반인이 거주하는 평지나 약간 높은 언덕 위에 축조되었다. 산성이나 요새성은 급경사의 지형을 이용하기 때문에 낮은 성벽만으로도 높은 방어력을 갖고 있는데, 평지나 평산지의 읍성은 성벽의 높이를 산성이나 요새성의 성벽 높이와 거의 같게 축조하면서 강한 외적의 침입을 방어해내기 어려웠다. 이와 같이 방어가 어려운 성벽의 높이는 개성과 서울의 성곽에도 그대로 반영되었던 것인데, 그럼에도 불구하고 1410년대 후반 이후 이런 읍성이 전국으로 퍼져나갔다.

이처럼 성벽이 낮고 해자시설이 없는 성곽은 우리나라에서만 찾아볼 수 있는 독특한 특징이다. 당시 위정자들은 읍성을 축조하면서 소규모 왜구의 침입 등만 상정했기 때문에 충분히 방어가 가능할 것으로 생각했다. 하지만 임진왜란이라는 대규모 외적의 침입 앞에서 읍성 중심의 방어체계가 무력하다는 사실이 여실히 드러났다. 앞의 비변사 보고 내용에는 그 이유가 잘 정리되어 있는데, 그중에서도 가장 결정적인 원인은 역시 낮은 성벽이었다. 공격하는 적이 성벽보다 더 높은 누각을 만들어 한 곳만 집중적으로 공격하여 무너뜨리기가 너무 쉬웠기 때문이다.

1593년 2월 12일 행주산성에서 약 2,400 명의 조선군이 열 배가 넘는 3만 명의 일본군을 물리치는 큰 승리를 거두자 이때부터 산성에 대한 평가가 확 달라졌다. 산성은 상대방이 아무리 높은 누각을 만들어도 산성의 성벽보다 더 높을 수는 없기에 밖에서 성안을 내려다보며 한 곳만 집중 공격할 수 없다. 또한 공격자들은 급경사 때문에 올려다보며 공격해야 하는 반면에 방어자들은 내려다보면서 손쉽게 공격할 수 있다. 결국 행주산성에서 거둔 대승 이후 전국적으로 기존의 산성을 수리하거나 가장 좋은 지형을 이용하여 새로 쌓는 것에 대해 큰 관심을 갖게 되었다. 일본군과 격전을 벌이는 최전방이었던 경상도에서도 산성을 수리하여 쌓는 것에 대한 논의가 본격적으로 이루어졌다.

한양도성과 동일한 도시 원리의 낙안읍성

낙안읍성의 구조는 한양과 동일한 도시원리로 그대로 옮겨놓았다. 남문 밖 진입로에서부터 걸어오면 금전산이 남문 위로 우뚝 솟아 있는 모습을 볼 수 있다. 읍성 안으로 들어서면 읍성에서 궁의 역할을 하는 동헌이 보이지 않는다. T자로 난 대로의 왼쪽으로 꺾어 가다가 동헌 앞에서 비로소 오른쪽을 돌아보면 동헌과 금전산이 하나처럼 펼쳐진 풍경을 볼 수 있다.

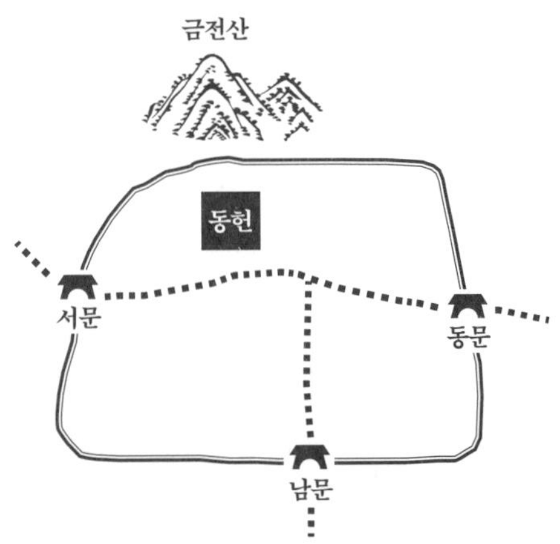

지방 읍성의 전형을 보여주는 낙안읍성의 성벽과 해자

낙안읍성은 조선시대 지방 읍성의 전형적인 형태를 가장 잘 간직하고 있는 지방 읍성이다. 낙안읍성은 성문에 옹성을 만들고 해자를 둘렀는데 성벽 높이는 평균 3～4m 남짓하고, 해자의 폭은 1m가량의 도랑에 가깝다. 조선 전기에는 낙안읍성 같이 실제 방어력을 고려하지 않은 관념적인 형태의 읍성들이 세워졌다.이러한 조선 전기의 읍성체제는 임진왜란 당시 대규모 적군을 상대로 성곽으로서의 방어 기능을 발휘할 수 없었다.

임진왜란을 통해 조선의 방어체제는 읍성 중심이 아닌 산성 중심의 방어로 확실하게 돌아섰다. 이는 한편으로 당시 일본군의 전력이 조선군보다 더 강하다는 것을 실질적으로 인정하는 전략이었다. 만약 조선군의 전력이 일본군보다 더 강하다고 보았다면 산성 방어가 아니라 평원에서 대회전으로 직접 맞서는 전략을 택했을 것이다.

산성의 나라가 된 조선

임진왜란 후 선조에 이어 즉위한 광해군은 신흥강국으로 떠오른 후금의 존재를 인정하며 명나라·후금과 동등한 등거리 외교정책을 펼쳤으나 1623년의 인조반정으로 왕위를 잃는다. 이후 조선은 후금에 대해 강경한 노선으로 선회한다. 인조반정의 주도자들 역시 이런 정책이 후금과의 전쟁가능성을 높이는 조치임을 잘 알고 있었다. 그래서 혹시 있을지도 모르는 침입에 대비하고자 했는데, 그 양상을 보면 임진왜란 때와 달라진 인식이 있었음을 확인할 수 있다.

첫째, 임진왜란 초기에는 일본군의 전력이 조선군보다 훨씬 강하다는 것을 파악하지 못하고 신립의 탄금대 전투와 같이 직접 맞서서 싸우는 전략을 택했다. 반면에 병자호란 때는 후금과의 전력 차이를 처음부터 인정하면서 정예군을 동원하여 직접 맞서기보다는 장기항전을 통해 물리쳐야 한다는 판단을 내렸다.

둘째, 임진왜란 때는 일본군이 명나라까지 쳐들어갈 것이라고 선언한 상태였기 때문에 명나라의 지원군을 끌어내어 조선 : 일본의 일대일 전쟁이 아닌 조선·명나라 : 일본이라는 국제전으로 확장을 염두에 두고 있었다. 그래서 위급한 상황이 되면 명나라로 망명까지 각오하면서 임금이 북쪽으로 계속 피난 가는 선택을 하였다. 반면 병자호란 때는 독자적인 장기항전의 구심점을 미리 설정하려 하였다. 후금과의 전쟁이 본격화되면 육지를 통한 명나라와의 통교 수단이 단절되어 임금이 남쪽으로 피난 갈 수 없다는 것을 알고 있었기 때문이다.

셋째, 임진왜란을 치르며 한양 성곽의 방어력이 사실상 전무하다는 사실을 깨달았기 때문에 후금과의 전쟁이 벌어지면 한양의 방어를 처음부터 포기하는 전략을 선택하였다.

이와 같은 이유로 후금과의 전쟁이 발발했을 때 장기항전의 중심으로 선택한 곳이 바로 고려시대 몽골의 장기 침략에도 함락되지 않은 강화도였다. 강화도에 대한 관심은 이미 광해군 때부터 있었으나, 후금과의 전쟁 가능성이 높아진 인조반정 이후에는 더욱 높아졌다. 여기에 혹시 있을지도 모를 비상 상황에 사용하기 위한 또 다른 중심성으로, 신라가 673년 당나라와의 전쟁에서 장기항전의 거점으로 삼기 위해 축조했던 둘레 약 8km의 초대형 포곡식 산성인 주장성의 터 역시 주목받았다.

그 밖에 서울 주변의 수원 독성산성, 여주 봉서산성, 여주 파사성, 죽산 죽주산성 등을 수축하는 공사를 벌였다. 하지만 이들 산성은 삼국시대부터 고려 전기까지 고을의 중심지가 있었던 테뫼식의 중형산성이었다. 따라서 물이 부족하고 규모가 작아 몇 달 또는 몇 년에 걸쳐 대규모 군대가 들어가 장기항전의 거점으로 삼기에는 부적당했다. 결국 1624년(인조 2)에 주장성의 터에 산성을 고쳐 쌓기 시작해 1626년 지금의 남한산성을 완성한다.

남한산성은 골짜기를 둘러싼 초대형 포곡식 산성이기 때문에 수만 명의 대군이 몇 달 또는 몇 년 동안 주둔하며 방어할 수 있을 정도로 물이 풍부하고 공간이 넓다. 게다가 지금의 하남시 교산동에 있던 광주 고을의

남한산성의 성벽

남한산성의 성벽 높이는 평지성에 비해 높지 않지만 산비탈 자체가 성벽 역할을 하면서 높은 방어력을 가지게 해준다.

◔

당시 강화도 방어를 맡은 강도검찰사 김경징은 청나라 군대에 겁을 먹고 해안에서 방어를 포기한 채 강화성으로 후퇴한다. 가장 큰 난관이었던 도하에 아무런 저항도 받지 않고 성공한 청군은 쉽게 강화성을 함락시킨다.

모든 관아를 산성 안으로 옮겨 산성 관리를 하도록 하였다. 병자호란 당시 압록강을 건넌 지 5일 만에 한양에 도착한 청나라군의 신속한 진군 때문에 강화도로 가려던 선조는 어쩔 수 없이 차선책이었던 남한산성으로 피난해서 전쟁을 지휘하였다.

조선군은 열악한 상황에서도 청나라 대군의 공격을 막으며 남한산성에서 항전을 벌였으나, 결국 45일 만에 백기를 들고 만다. 인조는 성 밖으로 나가 청나라 황제에게 세 번 절하고 아홉 번 머리를 조아리는 치욕스런 항복의식을 거행하였다. 남한산성의 항전이 끝내 실패한 이유는 다음과 같다.

첫째, 강화도로 피난하려는 것이 첫 번째 계획이었기 때문에 남한산성에 충분한 식량을 비축하지 못했다. 둘째, 선조가 남한산성에서 장기항전하면서 지방군이 청나라군의 후방을 괴롭히며 전력을 약화시키는 전략이 청나라군이 강원도·충청도·전라도·경상도의 지방군을 모두 격파하면서 실패했다. 셋째, 몽골군조차 39년 동안 함락시키지 못했던 강화도가 제대로 된 전투도 치르지 못하고 청나라군에게 함락되면서 더 이상 장기항전을 해도 승산이 없다고 판단했기 때문이다. 여기에 하나 덧붙인다면 청나라는 조선을 완전히 정복하여 통치하러 온 것이 아니라 명나라를 공격할 때 후방을 공격하지 못하도록 항복을 받은 후 다시 돌아가려 했던 점도 항복을 결정한 중요한 이유가 되었다.

청나라에 항복하고 나서도 남한산성과 같은 초대형산성은 계속 주목을 받았다. 여러 여건상 인조가 스스로 항복을 한 것이지 청나라의 12만 대군도 남한산성을 함락시키지 못했기 때문이다. 이에 따라 1659년에 혹시 또 있을지도 모를 청나라와의 전쟁에 대비하여 남한산성보다 훨씬 더 큰 둘레 약 13km의 초대형산성인 북한산성을 수축하였고, 1711년에는 더욱 견고하게 고쳐 쌓았다. 그리고 전쟁이 발발했을 때 임금이 머물며

남한산성 행궁

병자호란으로 삼전도의 치욕을 겪은 조선은 남한산성과 북한산성을 대대적으로 보수하고 산성 내부에 행궁을 지으면서 장기항전을 준비했다.

임진왜란 이후 신축되거나 개축된 대형 · 초대형 산성

위치		산성이름	둘레(m)	최고높이(m)	연도	참조
경기도	광주	남한산성	7,545	480	1624-1626	행궁, 광주 고을 설치
	개성	대흥산성	10,100	762	1676	
	고양	북한산성	12,700	837	1711	행궁
충청도	청주	상당산성	4,400	492	1716-1719	
전라도	무주	적상산성	5,600	1,029	1628	
	장성	입암산성	5,000	626	1653	
	단양	금성산성	6,486	603	1653	
	전주	위봉산성	16,000	524	1675	
	장흥	수인산성	6,000	526	1592-1598경	
경상도	칠곡	가산산성	10,100	902	1639-1640	칠곡 고을 설치
	선산	금오산성	3,500	995	1639	
	성주	독용산성	7,700	955	1675	
	동래	금정산성	17,336	802	1701-1703	
황해도	서흥	대현산성	7,000	607		
	재령	장수산성	7,950	747	1631경	
	해주	수양산성	6,500	685	1674	
	문화	구월산성	5,230	954	1631경	
	봉산	정방산성	12,000	481	1633	
평안도	용강	황룡산성	6,620	566	1675	
	자산	자모산성	5,000	559	1627경	자산 고을 잠시 설치
	영변	철옹산성	14,000	489	1638-1639	영변 고을 설치
합계						**21개**

지휘할 수 있는 행궁(行宮)과 각종 무기 및 식량 창고를 강화도 · 남한산성 · 북한산성에 두어 평상시에도 늘 관리하였다. 이와 같이 수도 가까이에 장기저항의 거점으로 섬인 강화도와 초대형산성 2개를 두는 방어전략은 다른 나라에서 찾아보기 힘들다. 이처럼 독특한 가치를 인정받은 결과 2014년 마침내 남한산성이 유네스코 세계문화유산에 등재되었다.

하지만 세계가 인정한 소중한 문화유산인 남한산성의 가치를 제대로 알기 위해서는 그 배경을 이해하는 것이 반드시 필요하다. 세계 어디서도 볼 수 없는 초대형산성의 집약체인 남한산성이 탄생하기까지, 조선이 산성의 나라가 된 바탕에는 방어에 취약한 서울의 위치와 대규모 공성전 때 방어가 어려운 서울의 성곽이 자리 잡고 있었다.

8 감시와 통제의 밤 풍경

앞 장을 통해 상식과 달리 서울의 성곽이 방어력이 거의 없었다는 사실을 확인했다. 그렇다면 방어력이 없는 서울의 성곽은 실질적으로 아무런 기능도 하지 못한 장식에 불과했을까. 물론 그렇지 않다. 우리는 보통 '성곽'이라고 하면 전투가 벌어졌을 때의 방어용으로만 사용된다고 생각한다. 물론 성곽의 높이, 방어시설과 해자는 실제로 전투가 벌어졌을 때 방어력을 가질 수 있는 수준을 고려하여 계획되는 것이 일반적이다. 하지만 성곽의 역할은 전시상황의 방어 용도에만 국한된 것이 아니다. 특히 서울과 같이 한 나라의 수도일 경우에는 더욱 그렇다.

보신각의 종소리는 아름다웠을까?

서울이라는 공간을 이해할 때 조선의 수도로서 한양을 만든 설계자들의 의도를 이해해야 한다. 설계자 입장에서 서울은 임금의 권위를 유지하고 안전을 지키기 위해 조선에서 '감시와 통제'가 가장 강하게 이루어져야만 했던 공간이었다. 따라서 감시와 통제가 용이한 공간은 한양의 설계에 매우 중요한 목적이자 의미를 지닌다. '감시와 통제를 위한 공간'으로서 서울을 바라보아야 과거의 서울을 잘 이해할 수 있는 이유이다. 그런데 이 '감시와 통제'가 이루어지기 위해서는 일정한 기준이 있어야 한다. 아무런 기준 없이 이루어지는 감시와 통제는 단기간은 가능해도 장기

제야의 종 행사

오늘날 제야의 종 행사는 지나간 해를 보내고 새로운 해를 축하하는 송구영신의 상징적인 행사로 자리잡았다. 하지만 조선시대 백성들에게 보신각종은 지금보다 훨씬 권위적인 소리로 들렸을 것이다. 보신각종은 통금 사이렌처럼 출입을 제한하고 시간을 통제하기 위한 기준이었다.

보신각

보신각은 종로 통운교에 설치되어 하루의 시작과 끝을 알렸다. 매일 오전 4시에 33번을 타종하고 오후 10시에 28번 타종했다. 임진왜란 때 소실되었다가 광해군 때 복구했으며, 현재의 보신각종은 세조 때 주조한 원각사종을 사용하고 있다.

적으로는 지배층이 원하는 방향으로 효과를 발휘하기 어렵기 때문이다. 감시와 통제의 공간적 기준이 되었던 것이 바로 성곽이었다. 평상시 서울의 성곽은 임금이 거주하며 최고의 권력을 발휘하던 궁궐 등 국가의 핵심 시설을 드나드는 사람들을 통제하는 첫 번째 장벽으로 기능했다. 둘레 약 18km에 이르는 성벽 중 4대문과 4소문만으로 사람들을 드나들게 한 것은 감시와 통제를 용이하게 하기 위해서였다. 만약 이를 어기는 사람이 있다면 서울, 나아가 국가를 혼란시키려고 했다는 죄목으로 큰 벌을 내리면서 통제선으로서 성곽 기능이 약화되지 않도록 하였다.

수도 서울의 성곽은 공간 통제와 함께 시간 통제의 역

할도 함께 담당했다. 요즘에는 종각의 종소리를 일 년에 한 번 새해의 시작에 들을 수 있다. 매년 12월 31일이 되면 제야의 종소리를 듣기 위해 수많은 인파가 종각으로 몰린다. 새해가 되는 순간 33번 타종되는 종소리를 들으며 우리는 새로운 해를 축하한다. 그런데 한번 생각해보자. 과거 우리 선조들도 우리처럼 보신각 종소리를 기쁜 마음으로 들었을까? 오히려 반대였을 것이다.

보신각종은 조선시대 도성의 성문을 여닫는 기준이 되는 종소리였다. 파루(오전 4시)에 33번 보신각종이 울리면 성문이 열리고 하루가 시작된다. 왁자지껄하고 바쁜 수도의 하루가 끝나는 인정(오후 10시)에 보신각종이 다시 28번 울리면 성문이 닫히면서 모든 출입이 금지된다. 불과 몇십 년 전까지 비슷한 것이 있었다. 바로 통금 사이렌이다. 통행금지 시간이 다가오면 사람들은 서둘러 집으로 향하고, 사이렌이 울리면 길거리는 고요해진다. 당시 사이렌 소리는 공권력의 상징과도 같았다. 통금 사이렌과 마찬가지로 조선시대 백성에게 보신각의 종소리는 엄격하고 무서운 권력의 소리였을 것이다. 보신각종이 울리기 시작하면 도성 안의 백성들이 집으로 향하는 발걸음을 재촉했을 것이다. 그때부터 도성 서울은 시끌벅적한 삶의 공간에서 삼엄한 감시의 공간으로 바뀐다. 모든 활동과 움직임은 중단되고 준범죄 행위로 의심받는다. 이처럼 성곽과 보신각종은 우리가 미처 생각하지 않았던 감시와 통제라는 서울의 숨겨진 성격을 일깨워주는 생생한 사례인 것이다.

음모의 밤

도성 안의 움직임을 육안으로 쉽게 확인할 수 있는 낮과 달리 밤에는 도성과 국가를 혼란시키려고 하는 세력의 움직임을 포착하기가 어렵다. 성공한 덕분에 '원래의 올바른 상태로 돌아간다'는 뜻의 반정(反正)으로 역사에 남았지만 실패했다면 '역모'나 '난'으로 기록되었을 중종반정(1506)과 인조반정(1623)이 일어났던 날의 조선왕조실록 기록을 보자.

> 여러 장수들을 나누어 각각 군사를 거느리고 뜻밖의 일에 대비하게 하였다. 밤 12경에 원종 등이 곧바로 창덕궁으로 향하여 가다가 하마비골의 입구에 진을 쳤다. 이에 문무백관과 군인 및 백성들이 소문을 듣고 분주히 나와 거리와 길을 메웠다.…(중간 생략)…날이 밝을 무렵 박원종 등이 궁궐의 문 밖에 진군하여 약속을 어긴 죄로 신계종을 당직청에 가두고, 유자광·이계남·김수경·유경을 궁궐의 문에 머물게 하고 군사를 정비하여 진을 치게 하였다.
>
> —『중종실록』 1년 9월 2일

> 임금이 대신·금부당상·포도대장을 불렀고, 또 도승지 이덕형과 병조판서 권진에게 명하여 입직하도록 했다. 도감대장 이흥립은 군사를 거느리고 궁성을 지키게 하였으며, 천총 이확을 보내어 창의문 밖을 수색하도록 했다. 이날 지금의 임금(인조)은 연서역의 마을에 나가 머물렀는데, 대장 김류, 부장 이귀 등은 최명길·김자점·심기원 등과 홍제원터에서 모였고, 장단방어사 이서는 부하 병사를 거느리고 왔으며, 이괄·김경징·신경인·이중로·이시백·이시방·장유·원두표·이해·신경유·

> 장신 · 심기성 · 송영망 · 박유명 · 이항 · 최내길 · 한교 · 원유남 · 이의배 · 신경식 · 홍서봉 · 유백증 · 박정 · 조흡 등이 모두 와서 모였다. 문무장사 2백여 명이 밤 12시경에 창의문으로 들어가 창덕궁의 문 밖에 도착했을 때 이흥립이 군사들을 해산시키고 와서 맞이하였고, 이확은 군사를 이끌고 퇴각하였다. 그리고 대신 및 재신들은 군대의 함성소리를 듣고 모두 흩어져 달아났다.
>
> —『광해군일기』 15년 3월 12일

이 기록을 보면 두 반정 모두 캄캄한 밤 12시경에 시작되어 날이 밝았을 때는 이미 상황이 끝났음을 알 수 있다. 중종반정이든 인조반정이든 당시 임금의 입장에서 보면 역모였기 때문에 임금과 국가의 감시를 피해 비밀스럽게 일을 진행시킬 수밖에 없었다. 두 반정 모두 밤 12시경에 시작한 것은 역모의 움직임을 눈으로 확인하기 어렵게 하여 성공 확률을 높이기 위해서였다. 이것은 한편으로 기존 집권 세력이 밤에 대한 감시와 통제를 제대로 하지 못했음을 의미한다. 이는 결국 임금과 정권의 몰락으로 나타났다. 그렇기에 밤을 통제할 수 있다는 것은 권력자에게 선택이 아니라 필수였다. 결국, 보신각종은 단순히 시간을 알리는 종소리를 넘어 권력의 유지를 위한 최전선의 도구였던 것이다.

야경꾼과 딱다기

야간에 대한 통제력을 잃는 순간 권력도 함께 날아간다. 따라서 집권세력은 야간을 감시와 통제의 영역에 넣기 위해 많은 노력을 기울였다. 역모를 비롯하여 도성을 혼란스럽게 하는 각종 사건을 방지하기 위한 가장 일상적인 조치는 바로 도성의 야간통행금지와 철저한 순찰이다. 조선왕조실록에는 이와 관련된 이야기가 많이 나오는데, 대표적이고 재미있는 것만 몇 개 살펴보자.

> (도성의) 순찰법을 엄하게 하였다. 삼군부에서 "이제부터 저녁 8시(初更三點) 이후부터 새벽 4시(五更三點) 이전에 야간통행금지를 범하여 잡힌 자는 모두 가두게 하소서"라고 청하니, 임금이 윤허하였다.
>
> —『태종실록』 1년 5월 20일

> 형조에서 "이번 달 14일에 승려 지경이 초경의 순라(순찰)를 범하여 (잡히니) 그 죄가 태형(채찍으로 볼기를 치는 형벌) 50대에 해당합니다. 하지만 그 할아버지 탁사준이 태조 때의 원종공신이니 (일반적으로 따르는) 예에 따라 면죄에 해당됩니다"라고 아뢰니, 임금이 글을 써서 "속히 놓아 보내라"고 하였다.
>
> —『세조실록』 2년 5월 21일

옛날에는 철저하게 순찰을 돌아야 감시와 통제를 제대로 실시할 수 있다고 생각한 밤 시간을 1경(19:00~21:00), 2경(21:00~23:00), 3경(23:00~01:00), 4경(01:00~03:00), 5경(03:00~05:00)으로 나누었다. 그리고 경과 경 사이의 시간을 5개의 점(點)으로 나누었는데, 경을 알릴 때는 북을, 점을 알릴 때는 징을 쳐서 쉽게 구분할 수 있도록 하였다. 물시계가 있는 궁궐의 보루각에서 북소리와 징소리로 시간을 알리면 문루의 경점군사(또는 전루군)이 받아서 다시 북과 징을 침으로써 서울 곳곳의 경점군사에게 전달했다.

앞의 첫 번째 기록은 수도가 개성에 있을 때인데, 이는 한양으로 재천도 한 이후에도 마찬가지로 적용되었다. 집 밖을 돌아다니지 못하게 하는 야간통행금지 시간은 저녁 8시부터 새벽 4시까지 8시간이었는데, 시기에 따라 조금씩의 변화가 있었다. 야간통행금지를 위반하다 적발될 경우 저녁 8시에서 새벽 4시까지 가두거나, 초경의 순찰 때 잡히면 채찍으로 볼기를 치는 태형 50대의 처벌을 받았다. 야간통행금지를 어길 경우 엄한 형벌을 가했음을 알 수 있다. 그렇다면 순찰은 어느 정도 수준으로 돌았을까.

> 임금이 대신들에게 "도적이 밤에 많이 다니니, 순찰하는 관리에게 명하여 구석진 지름길과 구불구불한 골목길까지도 두루 다니게 하는 것이 어떠하겠는가?"라고 말하였다. 좌의정 황희가 "순라군(순찰을 도는 사람)이 어찌 구불구불한 골목길까지 두루 다닐 수 있겠습니까"라고 말하였고, 병조 판서 최윤덕이 "신이 젊어서부터 순라(순찰)에 대해 익숙한데 실로 두루 다니기는 어렵습니다"라고 하였다.
>
> —『세종실록』 11년 1월 12일

> 임금이 승정원에 명을 내리기를, "내관 4명이 며칠 밤을 계속하여 도성 안을 두루 돌아다녔으나 포도군사를 보지 못하고 단지 한 곳에서만 보았다고 한다. 요즘 순라를 돌지 않고 있는가? 물어서 보고하라"고 하였다. 승정원이 "즉시 좌·우포도청의 종사관을 불러 물어보니, 부장들이 작은 골목길과 구불구불한 동네 길을 두루 돌아다니지 않은 곳이 없기 때문에 내관을 만나지 못한 것 같다고 했습니다"라고 아뢰었다. 또 "포도청을 설치한 것은 이슥한 밤을 대비하여 간사한 짓을 살피기 위한 것입니다. 요즘 포도대장이 직무에 충실하지 못하고 야간통행금지를 엄하게 하지 않아 감찰내관이 연일 오고가며 (감찰할 때) 순찰을 도는 사람

을 만날 수 없었으니, 평상시에 타일러 경계하는 일을 하지 않았음을 앞의 일에 근거하여 알 수가 있습니다. 진실로 너무 놀랄 만한 일입니다. 좌 · 우포도대장과 종사관이 자세히 조사하여 무거운 죄로 다스리게 하소서"라고 아뢰니, 임금이 그대로 따랐다.

—『인조실록』 26년 11월 11일

첫 번째 기록에서 세종은 작은 골목길까지 샅샅이 순찰하는 것을 원하지만 황희와 최윤덕은 그것이 쉽지 않은 일이라고 말하고 있다. 두 번째 기록을 보면 내관 4명이 순찰을 제대로 도는지 며칠 동안 직접 감찰에 나서 순찰병인 포도군사를 하나도 만나지 못했다고 보고한다. 그러자 좌우포도청의 종사관들은 작은 골목길까지 샅샅이 순찰하는 과정에서 만나지 못한 것이라는 이유를 대고 있다. 이 두 기록만으로도 상당히 구석진 곳까지 순찰했음을 짐작할 수 있다. 게다가 두 번째의 내용을 통해 제대로 순찰을 도는지 가끔씩 외부기관에서 감찰까지 나서서 점검을 했다는 사실도 알 수 있다.

순찰을 맡은 순청(巡廳)은 세조 때 좌우 둘을 두었고, 좌 · 우 순청의 관할 구역은 종각을 기준으로 왼쪽(동)과 오른쪽(서)으로 나뉘었다. 순찰대를 셋으로 나누어 1번 순찰대와 3번 순찰대는 19~23시와 01~05시로 네 시간, 2번 순찰대는 23~01시의 두 시간으로 정해 순찰을 돌았는데, 순찰대를 나누지 않고 밤 내내 하는 경우도 있었다. 궁궐 안에서는 북쪽과 남쪽 모두 순찰대를 셋으로 나누어 번갈아 순찰하도록 했다. 그럼에도 네 시간이나 두 시간 내내 돌아다니는 것은 결코 쉽지 않은 일이었다. 그래서 이에 대한 방책도 세웠는데, 다음의 기록들에 잘 나타나 있다.

황희가 다시 "지난번에 화재 때문에 (순라군이 머물던 초소인) 경수소를 설치하였더니, 사람들이 밤에 다니지 않아 성안이 평온하였습니다. 다시 경수소를 세우는 것이 좋을 듯 합니다. 또 (도성 밖으로) 나가실 때의 숙소는 군사들로 하여금 순라 돌지 말게 하고 단지 (시간을 알리기 위해 북과 징을 치는) 좌경만을 엄하게 하는 것이 좋을 것입니다"라고 말하니, 임금이 "그렇겠다"고 하였다.

—『세종실록』 11년 1월 12일

병조에서 "흥인문과 숭례문 밖에 각각 순라군이 머물 수 있는 군포(요즘의 파출소)를 지으소서"라고 아뢰니, 임금이 그대로 따랐다.

—『세종실록』 15년 8월 19일

병조에서 "서울 성곽의 안팎에 경수소 106개를 두어 도둑을 방지하소서"라고 아뢰니, 임금이 그대로 따랐다.

—『세조실록』 2년 5월 4일

순청을 지금의 경찰서라고 보면 군포는 파출소, 경수소는 임시 초소라 할 수 있다. 도성 안팎을 순찰하는 사람들이 순찰 도중 가끔씩 쉴 수 있도록 한 것인데, 세 번째 기록을 보면 경수소를 무려 106개나 세우려고 하였다. 그만큼 조직적이고 꼼꼼하게 순찰을 돌았다는 사실을 알 수 있다. 그러면 순찰할 때의 구체적인 행동은 어땠을까.

병조에서 군호(순찰 때 쓰는 암호)를 써서 '인호귀호(人乎鬼乎)'라 아뢰었는데, 임금이 '인귀' 두 글자를 말소하고, 특별히 써서 '군자호소인호(君子乎小人乎)'라고 말했다.

—『중종실록』 2년 9월 1일

훈련도감이 "부차관(명나라의 사신)이 오늘이나 내일 서울에 들어오는데, 궁성 밖의 순라 때 딱다기(柝)를 치는 소리가 그들의 귀를 놀라게 할 염려가 있으니, 잠시 딱다기 치는 것을 멈추고 방울을 흔드는 것으로 대신하는 것이 온당할 듯합니다. 감히 아룁니다"라고 보고하니, 임금이 명을 내리길 "잠시 아뢴 대로 하되, 더욱 엄밀하게 순찰하여 잡인을 철저하게 금지시켜라"고 하였다.

—『광해군일기』 5년 8월 20일

두 번째 기록을 보면 순찰대는 딱다기를 쳐서 큰 소리를 내면서 순찰을 돌았다. 이는 몰래 숨어 있다가 야간통행금지를 어기는 사람을 잡는 것이 목적이 아니라 순찰을 돌고 있으니 문제를 일으키지 말라는 사전예방이 우선 목표였음을 알려준다. 첫 번째 기록은 누군가가 순찰대로 가장하는 것을 방지하고, 급한 공적 업무 때문에 어쩔 수 없이 야간통행금지 시간에 돌아다녀야 하는 사람을 위해 암호를 정해 구별했다는 것을 보여준다.

조선왕조실록을 통해 살펴본 조선의 야간통행금지와 야간순찰은 우리가 막연히 생각했던 것보다 훨씬 조직적이고 체계적이었다. 이렇게 체계화된 조직과 순찰을 통해 조선은 밤의 시간을 통제하는 데 지대한 공을 들였다. 만약 그렇게 하지 않으면 수도의 치안이 불안해지고, 이는 결국 임금의 권위를 약화시키고 최악의 경우 역모를 조장하여 임금과 왕조의 몰락까지도 일어날 수 있기 때문이다. 따라서 수도 한양은 밤의 시간 동안 조선에서 가장 강한 감시와 통제를 통해 항상 질서와 권위가 살아 있어야 하는 공간이었다.

이렇듯 조선의 건국자들은 수도 한양을 감시와 통제의 공간으로 만들었다. 풍수를 지배와 권위를 위한 사상으로 인식했던 이들에게 중요했던 것은 지배의 논리를 내면화할 수 있는 공간이었고, 새로운 수도가 '권위 있고 위엄 있는 공간'에 적합한지가 가장 중요했던 것이다. 그런 의미에서 한양이라는 공간은 조선 최고의 명당이었던 것이다.

물시계는 누구를 위해 흘렀을까?

오늘날과 달리 시간을 쉽게 알 수 없었던 과거에는 야간통행금지의 시작과 끝, 순찰대의 교대, 성문을 닫는 밤 10시와 성문을 여는 새벽 4시와 같은 시간 등을 어떻게 알 수 있었을까?
날씨가 맑든, 흐리든, 또는 눈비가 내리더라도 도성과 궁궐의 야간통행금지와 순찰은 하루도 빼놓지 않고 정확한 시간에 이루어져야 했다. 그래야만 백성들에 대한 감시와 통제의 효과를 확실히 거둘 수 있기 때문이다. 만약 상황에 따라 기준이 들쑥날쑥하면 그 자체로 질서가 없는 것이며, 이는 모든 질서를 관장하고 유지해야 하는 임금의 안전과 권위에 큰 손상을 입히는 것을 의미했다. 그래서 필요한 것이 정확한 시간을 알려주는 장치, 바로 물시계였다.

1434년(세종 16) 세종의 명을 받은 장영실 · 김조 · 이천 등이 자격루라는 물시계를 만들었다. 실물은 전해지지 않지만 여러 기록을 바탕으로 복원된 자격루는 매우 정밀하게 설계되었다는 것이 밝혀졌다. 자격루는 수량의 변화로 측정되는 시각에 따라 여러 기계장치를 거쳐 자동적으로 종 · 북 · 징을 쳐서 정확한 시간을 알리도록 고안되었다. 경복궁의 경회루 남쪽에 '시간을 보고하는 건물'이란 뜻의 보루각에 설치했다고 하는데, 1455년(단종 3)까지 사용하다가 이후 고장으로 철거되었다.

장영실은 1438년에 옥루(玉漏)라는 물시계도 만들었다. 세종은 자신의

자격루 모형

현재 덕수궁에 있는 자격루는 물받이통과 항아리만 남아 있는 상태이다. 장영실이 만들었던 자격루는 일정 시간이 되면 자동으로 종이 치게 설계된 정교하게 만들어진 기계장치였다.

침전 곁에 '하늘을 공경하여 백성에게 때를 일러준다(欽若昊天 敬授人時)'는 『서경』의 문구를 인용하여 이름을 따왔다는 흠경각(欽敬閣)을 만들고 옥루를 설치했다고 한다. 현재 세종 때 만들어진 물시계는 모두 전해지지 않는다. 덕수궁에 있는 국보 제229호의 물시계는 1536년(중종 31)에 다시 만든 것이다. 이마저도 기계장치가 모두 사라지고 담긴 물을 위에서 내려 보내는 항아리인 파수호(播水壺)와 아래에서 물을 받는 수수호(受水壺), 받침대만 남아 있다.

그렇다면 물시계는 언제부터 만들어진 것일까? 장영실이 만든 자격루와 옥루를 최초의 물시계로 생각하곤 하는데, 실제로는 그렇지 않다. 조선에서는 일반적으로 물시계를 '물이 새는 속도에 따라 시간을 측정한다'는 의미에서 '물이 샌다'는 뜻의 한자인 루(漏)를 사용하여 누각(漏刻) 또는 경루(更漏)라고 불렀다. 조선왕조실록에서 물시계가 등장하는 가장 이른 기록 2개만 살펴보자.

> 문무백관의 제도를 정했다.…(중략)…서운관은 하늘의 재앙이나 상서로움, 1년의 달력 만드는 일을 헤아려서 정하는 등의 일을 관장한다. (관원으로는) 판사(判事) 2명은 정3품, 정(正) 2명은 종3품, 부정(副正) 2명은 종4품, 승(丞) 2명과 겸승(兼丞) 2명은 종5품, 주부(注簿) 2명과 겸주부(兼注簿) 2명은 종6품, 장루(掌漏) 4명은 종7품, 시일(視日) 4명은 정8품, 사력(司曆) 4명은 종8품, 감후(監候) 4명은 정9품, 사신(司辰) 4명은 종9품이다.
>
> —『태조실록』 1년 7월 28일

> 경루를 종루에 설치하였다.
>
> —『태조실록』 7년 윤5월 10일

실록을 보면 조선 건국 직후 새로운 관직 제도를 선포하는 내용에 서운관의 '장루'라는 직위가 나오는데, 물시계를 맡은 관원을 가리킨다. 또 다른 기록을 보면 서울로 천도하고 난 4년 후인 1398년 지금의 종각인 종루에 경루, 즉 물시계를 달았다고 나온다. 이밖에도 조선왕조실록에는 물시계와 관련된 기록이 많이 나오는데, 앞에서 봤듯이 감시와 통제에 적극적이었던 조선이었기에 자연스러운 일이다. 그런데 물시계는 고려시대에도 존재했다. 태조 이성계와 설전을 벌였던 서운관을 기억할 것이다. 서운관은 천문·역법·날씨·시간 등의 일을 맡았는데, 이 기관의 역사는 고려 건국까지 올라간다. 고려의 건국 초에 태사국에 두었던 설호정(挈壺正)과

1308년 태사국과 사천감을 합해 서운관을 새로 만든 후 둔 종7품의 장루가 바로 물시계를 맡고 있는 관원이었다.

장루라는 직위는 그대로 조선으로 이어지는데, 설호정이라는 용어는 설명이 필요하다. 여기서 호(壺)는 항아리를 뜻하는데, 물시계가 위의 항아리에 담아 놓았던 물이 아래의 항아리로 떨어지는 속도를 측정하여 이루어졌기 때문에 호(壺)가 물시계를 가리키는 용어가 된 것이다. 이렇게 고려 초기에도 등장하는 물시계 기록은 더 거슬러 올라가 『삼국사기』에도 나온다.

> 처음으로 누각(漏刻)을 만들었다.
>
> —『삼국사기』 신라본기 제8 성덕왕 17년

> 누각전(漏刻典)을 성덕왕 17년(718)에 처음으로 두었다.
>
> —『삼국사기』 잡지 제7 관직 상

> 천문박사 1명과 누각박사(漏刻博士) 6명을 두었다.
>
> —『삼국사기』 신라본기 제9 경덕왕 8년

『삼국사기』에는 통일신라 초기인 718년(성덕왕 17) 물시계인 누각을 만들고 이를 관리할 관청인 누각전을 설치하였으며, 물시계 관련 업무를 가르치는 누각박사를 749년(경덕왕 8)에 두었다고 나온다. 이 기록을 통해 한반도에서는 늦어도 718년에 물시계를 만들어 사용했음을 확인할 수 있다. 신라 밖으로 눈을 돌리면 이집트에서 기원전 1400

세종 때 만들어진 다양한 발명품

왼쪽에서부터 앙부일구, 측우기, 혼천의이다. 조선시대에는 자연현상을 관찰하고 측정하기 위한 다양한 도구가 발명되었다. 발명품들의 가치도 중요하지만 왜 이러한 발명품들이 만들어졌는가를 이해하는 것이 더 중요하다. 이러한 발명품들은 예측할 수 없던 날씨와 시간과 같은 자연현상을 통제의 영역으로 편입시키고자 한 노력의 일환이다.

년경에 제작된 물시계가 발굴되었고, 중국에서도 기원전 7~8세기에 물시계를 만들어 사용했다.

사실 물시계는 농사를 짓는 백성에게 필수적인 물건이 아니다. 물시계가 필요했던 이들은 하루의 시간에 따라 감시와 통제를 시행해야 하는 왕을 위시한 지배층이었다. 동서고금을 막론하고 감시와 통제의 기준점으로 위정자들에게 물시계만큼 유용한 것은 없었다. 따라서 조선 초기에 정밀한 물시계를 만들었다는 데에서 우리가 알 수 있는 것은 조선의 위정자들이 감시와 통제에 많은 신경을 썼으며, 그 중요성을 인식하고 있었다는 사실이다.

풍수를 갈등이 거세된 낭만적 대상으로 바라보는 오늘날의 시선이 결과적으로 과거 사람들의 치열했던 실제 삶의 모습을 간과하게 만든 것처럼, 보신각종과 물시계를 보는 관점 역시 다시 생각해봐야 한다. 단순히 물시계의 발명이라는 일차적 사실에 머무른다면, 우리가 역사를 통해 배울 수 있는 것은 극히 단편적 사실에 불과할 것이다. 오늘날의 시각에서 '미개한 과거'에 이런 정밀한 물건을 만들었다는 사실에만 감탄하는 데 그친다면 물시계는 그저 신기한 물건에 불과하며 그 이상의 의미를 지니지 못한다. 하지만 지배와 피지배의 관점에서 물시계를 바라본다면 새로운 시야가 열린다. 물시계에 담긴 지향점을 이해한다면, 비로소 물시계의 사용과 개선이 지닌 의미와 물시계가 어떤 맥락으로 역사 속에서 등장하는지 이해할 수 있을 것이다.

한 해의 마지막 밤 보신각종이 울릴 때, 우리 선조들에게 어떤 소리로 들렸을지 상상하면서 종소리를 들어보자. 은은하게만 들렸던 이전과는 다르게 느껴질 것이다.

9 사라진 정원의 풍경

옛 건축을 이야기할 때 정원이 빠질 수 없다. 정원만큼 옛 사람들의 세계관과 지향점을 보여주는 좋은 장소가 없기 때문이다. 그리고 정원을 논하는 데 중국에서 가장 아름답다는 소주가 빠져서는 안 된다. 소주는 물의 도시이자 정원의 도시로 유명한데, 졸정원, 유원, 퇴사원 등 세계문화유산으로 지정된 정원만도 9개나 있다. 이 중에서 유원과 졸정원은 청나라 황제의 여름 궁전이었다는 하북성의 피서산장, 북경의 이화원과 더불어 중국의 4대 정원으로 유명하다.

일본에서는 교토가 정원으로 유명하다. 금각사, 은각사처럼 세계적으로 유명한 정원 말고도 작은 정원들이 도시 곳곳에 있다. 오카야마성 옆에는 일본의 3대 정원 중 하나라는 고락쿠엔(後樂園)이 있다. 이처럼 에도시대(1603-1867)의 성곽 안이나 주변에는 꼭 정원이 있었다. 세계문화유산인 히메지성이나 오사카성을 둘러보면 천수각과 같은 높은 건축물에 주로 관심을 갖는데, 성 곳곳에 있는 정원에도 주의를 기울일 필요가 있다.

그렇다면 우리의 전통정원은 어떠할까? 사실 우리나라에는 소주나 교토의 정원처럼 아기자기한 꾸밈새와 미로를 갖춘 전통정원이 없다. 흔히 중국과 일본의 전통정원과 비교할 때 우리나라 전통정원은 인공미를 최대한 줄이고 자연 그대로를 살린 자연미가 강하다고 한다. 하지만 중요한 차이가 하나 더 있는데, 전통정원의 숫자 자체가 매우 적다는 사실이다.

웅장한 경회루 전경(앞 페이지)

경회루는 여러모로 독특한 정원이다. 규모에서 경회루는 중국과 일본의 일반적인 누각보다 훨씬 더 큰 규모를 자랑한다. 또 연못과 연못 안의 섬 모두 사각형의 단순한 구조를 띠고 있는 점 역시 특이하다. 정원을 만들 때 가장 먼저 하는 일이 담을 두르고 나무를 심어 시야를 막고 분리된 공간을 만드는 것이다. 그러나 경회루 왼쪽으로 보이는 인왕산에서 알 수 있듯이 경회루는 탁 트인 시야를 보여준다.

동양의 대표적 정원들의 사계절

① 졸정원, ② 퇴사원, ③ 고락쿠엔, ④ 금각사. 이 정원들은 연못과 누각을 만들고, 수석 등을 배치해서 장소마다, 또 같은 장소에서도 시선에 따라, 그리고 시간과 계절에 따라 다른 풍광을 보여준다. 동양의 이상적인 정원은 분리된 공간에 무릉도원의 이상적 모습을 담고자 했다.

우리나라에는 왜 정원이 별로 없을까?

현재 서울에 남아 있는 조선시대 전통정원 중 가장 유명한 곳은 창덕궁의 후원인 비원과 경복궁 향원정의 정원일 것이다. 그 밖에는 무엇이 있을까. 궁궐마다 후원이 있었지만 보전된 것이 없고, 궁궐 밖 정원으로는 성북구 성북동의 성락원과 종로구 부암동의 석파정 정도만이 남아 있다. 석파정은 흥선대원군의 별장이었고, 성락원은 철종 때 이조판서를 지낸 심상응의 별장이었다.

서울은 조선의 수도로서 인구가 많을 때는 30만 명에 가까웠다. 당시 세계적으로도 결코 작은 도시가 아니었다. 아니 대도시라고 보는 게 맞을 것이다. 중세 유럽에서 서울보다 큰 도시는 없었다. 이렇게 큰 도시였던 서울에 전통정원이 많아야 다섯 곳밖에 남아 있지 않다는 것은 쉽게 간과할 일이 아니다.

그렇다면 우리나라 전체로 확장시켜서 전통정원은 얼마나 남아 있을까? 경상북도 경주의 안압지와 전라북도 남원의 광한루원, 전라남도 담양의 소쇄원과 완도군 보길도의 세연정, 대전광역시 동구의 남간정사, 경상북도 영양군의 서석지와 봉화군의 청암정, 경상남도 함안의 무기연당 정도로 아직 알려지지 않은 정원까지 포함한다 하더라도 손에 꼽을 수 있을 만큼 적다. 중국의 소주나 일본의 교토에 있는 정원 숫자보다 적을 것이다.

그러면 이러한 차이는 단순히 한중일에서만 나타나는 것일까. 역사적으로 도시에서는 정원을 많이 만들었다. 지배층들이 주로 도시에 많이 거주하다보니 도시에서 멀리 떨어진 자연의 풍경을 마음대로 즐기기 쉽지 않았다. 그래서 지배층은 자신의 삶터인 도시 안에 '일상에서 벗어나 잠

성락원

성락원은 철종 때 이조판서 심상응의 별장이었다. 중국과 일본의 정원과 마찬가지로 공간을 세분화해서 시시각각 달라지는 풍경을 구현하고 물줄기의 흐름에 따라 다양한 변화를 주었다.

시 쉬거나 자유롭게 교유하며 즐기는 공간'인 정원을 만들었고, 자연스럽게 정원 자체도 권위를 표현하는 수단으로 활용되었다.[◓]

이처럼 동서양을 막론하고 도시에 정원을 짓는 현상은 일반적이었는데 우리의 경우 유독 남아 있는 전통정원이 극히 적은 것이다. 이 의문을 해결하기 위한 실마리는 경복궁에서 찾아볼 수 있다.

◓ 조선은 특이하게 지배층인 양반이 도시가 아닌 마을에 살았다. 이 사실은 조선을 이해하는 데 중요한데, 이 주제에 대해서는 다음 책에서 자세히 다루고자 한다.

임금의 정원

조선에서 이동의 자유가 가장 없었던 사람은 누구일까? 아이러니하게도 정답은 임금이다. 최하층인 노비나 백정이 아니라 국가 최고의 지존이었던 임금이 가장 자유롭지 못했다니 무슨 뜻일까?

임금은 사적인 존재가 아니라 국가적 존재였다. 조선시대 임금은 모든 국가 의례와 행사를 주관해야 했고, 매시간 빽빽하게 일과를 수행해야 했으며, 신하들과의 경연을 치르고, 국가의 대소사를 관장해야 했다. 임금에게는 사생활이 없어서 일거수일투족이 고스란히 노출되었다.서로 으르렁대는 정치 세력 사이에서 임금의 자리는 늘 불안했다. 중종반정이나 인조반정에서 보았듯이 반대파와 충돌이 벌어지면 왕위에서 쫓겨날 수도 있는 것이 임금이란 자리였으며, 극단적으로는 반대파에 의한 살해 위협이라는 심적 압박에 시달려야 했다. 이처럼 항상 암살과 왕위 찬탈의 위협에 시달린 까닭에 자신이 살던 공간 밖으로 나가는 것이 가장 어려운 존재가 바로 임금이었다. 가장 천한 신분이었던 노비나 백정도 자신이 살던 집 밖을 드나드는 데 제약을 받지 않았지만 정작 임금은 그러지 못한 것이다. 더군다나 궁궐 밖 임금의 행차는 대규모 인원과 물자가 동원되어야 했기 때문에 자주 나갈 수도 없었다.

따라서 궁궐은 임금이 밖을 나가지 않아도 큰 불편함 없이 살 수 있도록 대부분의 기능을 갖춘 완전한 공간이어야 했다. 한양 건설 당시 정궁으로 계획된 경복궁 역시 이런 점을 고려했다. 궁궐이 꼭 갖추어야 하는 공간 중 하나가 바로 임금이 휴식을 취하거나 편안한 연회를 베풀 수 있는 정원이었다. 이런 기능을 갖춘 경복궁의 대표적인 정원이 바로 경회루와 연못이였다. 경회루는 우리나라 정원의 특징을 대표하는 곳으로, 조선 전기의 상황을 보여주는 『신증동국여지승람』에서 하륜은 경회루를 만든 과정에 대해 다음과 같이 기록하고 있다.

> 후전(後殿)의 서쪽 누각이 기울어 위험하다고 의정부에 보고한 것을 전해 들으시고는 전하께서 놀라 탄식하여 "경복궁은 나의 아버지가 나라를 세운 초기에 건립한 것인데, 지금 갑자기 이렇게 된 것인가?"라고 말씀하셨다. 그리고는 곧 거둥하시어 보시고는 "누각이 기운 것은 땅이 습하여 터가 단단하지 못하기 때문이다"라고 말씀하시고는 공조판서 자청 등에게 명하여 "농사지을 시기가 가까워오니 마땅히 일이 없는 자를 시켜서 수리하도록 하라"고 말씀하셨다. 자청 등이 땅을 측량하여 그것을 약간 서쪽으로 옮기고, 그 터에 설계를 조금 넓혀서 새로 지었다. 또한 땅이 습한 것을 염려하여 누각을 둘러 연못을 팠다.

경회루는 원래 있었던 누각이 기울어 위험해지면서 조금 넓혀서 새로 지은 것이였다. 땅 자체가 습하여 기반이 약한 것을 보완하기 위해 아예 연못을 둘러 팠다. 경회루라는 이름은 1412년 5월 16일에 정해졌다.

> "내가 이 누각을 지은 것은 명나라의 사신에게 잔치하여 위로하는 곳으로 삼고자 해서지, 내가 놀거나 편안하게 쉬자는 곳이 아니다. 진실로 모화루(를 만든 것)과 더불어 뜻이 같으니, 네가 하륜에게 가서 이름을 정하도록 알린 후 (결과를) 아뢰도록 하라"고 말하였다. 김여지가 다녀와서 '경회'로 정했다고 보고하였다.

이후 경회루는 조선 전기 내내 임금이 여는 잔치가 가장 많이 열리는 장소로 기록되었다. 하지만 임진왜란으로 경복궁이 불타면서 경회루 역시 사라졌다. 이후 경복궁이 재건되지 못하면서 경회루도 터로만 존속하다가 흥선대원군이 경복궁을 중건하던 1867년(고종 4)에 비로소 다시 세워졌다. 중건된 경회루는 태종 때의 모습을 그대로 따랐다고 한다. 현재 경회루에는 누각을 두른 깊고 넓은 연못 안이 있고, 그 안에 두 개의 섬이 있다. 『신증동국여지승람』에서도 이 모습을 확인할 수 있다.

> 사정전의 서쪽에 있는데, 누각을 둘러 연못을 만들었다. 연못은 깊고 넓은데, 연꽃을 심었다. 그 가운데에는 섬이 두 개다.

높고 웅장하게 솟은 경회루

경회루의 여러 상징과 특징 가운데 가장 핵심적인 두 가지는 다음과 같다. 첫째, 경회루와 연못 그리고 그 안의 섬까지 모두 사각형의 단순한 구조를 띠고 있는데, 이는 중국과 일본을 포함한 대부분의 나라에서 거의 찾아볼 수 없다. 둘째, 경회루는 중국과 일본의 어떤 정원의 누각과 정자보다도 훨씬 크고 웅장하다는 사실이다. 북경 자금성의 태화전은 경복궁의 근정전과 비교했을 때, 압도적인 규모를 자랑한다. 반면에 이화원의 누각이나 정자는 경회루에 비하면 매우 작고 왜소하다. 한국의 궁궐과 탑이 규모가 작다는 걸 생각하면 의외의 결과이다. 그렇다면 왜 유독 정원인 경회루만 높고 웅장하게 지은 것일까?

경회루는 국보 제224호로 지정되어서 미리 예약을 하지 않으면 내부를 둘러볼 수 없다. 그래서 주로 밖에서 경회루를 보는 관광객이 대부분이다. 하지만 경회루는 실제 사용되었던 당시에는 누각 안에서 연회를 벌이고 풍경을 보면서 즐기는 곳이었다. 다행히 지금도 예약을 하면 경회루 안에 오를 수 있는데, 새들이 들어오지 못하도록 그물을 쳐서 아무 장애물 없이 밖의 풍경을 보던 당시의 상황과 옛 정취를를 느끼기 어렵다.

약간의 아쉬움을 뒤로 하고 경회루에 올라 마루 위를 서서히 돌면서 여유롭게 주변을 바라보면 서쪽으로 호랑이처럼 웅크린 인왕산의 웅장한 모습이 한눈에 들어온다. 북쪽 방향을 보면 하늘 높이 치솟은 북악산의 위용이 한 폭의 그림 같다. 동남쪽에서는 근정전을 비롯한 여러 전각의 지붕들이 고즈넉한 풍경을 자아낸다. 지금은 빌딩 숲으로 가려져 있지만 옛날에는 그 너머로 후덕한 남산의 모습도 보였을 것이다. 당시 연회 광경을 상상하면서 임금과 신하의 자리였던 곳에 앉으면 경회루 기둥

경회루 전경

자연경관에 대한 시각적 경험을 극대화하기 위해 경회루의 크기는 커졌고, 대신 자연과 대비되는 인공연못을 최대한 단순하게 만들었다.

사이로 인왕산과 북악산의 풍경이 액자 속의 그림처럼, 아니 실제로 기둥이 액자틀 역할을 하면서 담겨 있다. 실제 자연의 풍경을 그림으로 가져온 것이다. 이보다 생생한 산수화가 있을까? 이는 우연의 결과가 아니고 애초에 경회루를 지을 때부터 이런 풍경을 염두에 두고 있었음이 분명하다.

경회루는 특별한 경우가 아니면 연못이나 인공적으로 심은 나무보다 인왕산, 북악산, 그리고 경복궁의 전각 지붕과 남산을 바라볼 수 있게 설계되었다. 그러다보니 건물 자체가 크게 지어질 수밖에 없었고, 주변 담장 역시 바깥의 풍경을 시각적으로 차단하지 못하게 낮게 만들었다.

반면에 중국과 일본을 포함한 다른 나라의 정원은 인공적으로 아기자기하게 만든 풍경을 보면서 쉬거나 연회를 베풀도록 하기 위해 바깥과는 시각적으로 완전히 차단된 폐쇄적 구조로 설계되었다. 이를 위해 누각이나 정자는 높지 않고, 바깥 풍경을 볼 수 없도록 담장의 거리와 높이를 조절했다. 또한 정원의 진입로도 직각으로 몇 번 꺾거나 S자 형식으로 몇 번 휘도록 만들었다. 그 결과 정원은 바깥과 완전히 단절된 아기자기하고 화려한 꿈의 세계가 된다.

이처럼 안과 밖의 공간 분리를 기본으로 하는 정원의 원리와는 다르게 경회루는 외부 풍경을 적극적으로 정원 안으로 끌어들였다. 경회루의 독특한 특징은 한양이 풍수의 명당 논리에 따라 산과 산줄기로 둘러싸인 분지에 들어섰기 때문에 가능한 것이다. 인왕산과 북악산은 거대한 백색의 화강암과 초록의 나뭇잎이 어우러진 아름다운 풍경을 지닌 산이다. 세계 어느 도시를 봐도 이런 자연풍경을 갖춘 산이 도시 속으로 깊숙이 들어온 사례를 찾기 어렵다. 도시 안에 자리 잡은 산의 존재가 정원의 개념과 조성방식까지 변화시킨 것이다. 자연 풍광을 인공적으로 도시 속으로 끌어들일 필요가 없기에 경복궁의 설계자들은 인왕산과 북악산을 감상하는

경회루 누각에서 본 풍경

경회루에서는 멀리 인왕산과 경복궁의 여러 전각이 한눈에 들어온다. 자연스럽게 다듬어진 기둥이 액자틀 역할을 하는 동시에 인왕산이 한 폭의 그림에 담긴 것처럼 펼쳐진다. 아기자기하게 꾸민 내부의 인공경관을 감상하는 중국과 일본의 누각과 달리 경회루는 탁 트인 외부 경관을 감상하기 위해 만들었다.

방식의 정원을 계획했다. 이를 위해 경회루를 중국과 일본의 정원 누각보다 훨씬 크게 짓고, 개방적으로 조성하여 그 효과를 높였다.

경회루 연못과 연못 안 두 개의 섬이 모두 사각형인 것 역시 의도된 결과이다. 사각형은 가장 단순한 형태로 밋밋하게 보일 수 있다. 하지만 이는 연못과 섬을 따로 떼어놓고 봤을 때만 해당된다. 경복궁 정원의 주인공은 인왕산과 북악산이다. 하지만 자연인 산을 더 화려하게 만들 수는 없다. 그 대신 다른 요소와 대비시켜서 화려함을 더 돋보이게 할 수 있는데, 이 때문에 연못과 섬을 사각형으로 만들었던 것이다. 경회루의 설계자들은 자연풍경이 더욱 화려하게 보일 수 있도록 인공적인 건물과 연못, 섬을 가장 단순한 형태인 사각형으로 조형했고, 이는 정원 조성의 독특한 기법을 창조했다고 평가하기에 충분하다.

여기서 짚고 넘어가야 할 사실은 경회루처럼 자연풍경을 감상의 대상으로 삼아 누각을 웅장하게 만든 경우가 우리나라에서 많이 발견된다는 점이다. 조선시대에 유명했던 3대 누각으로 밀양읍성 영남루, 진주성 촉석루, 평양성 부벽루가 있다. 이 누각들은 각각 밀양강, 남강, 대동강의 멋진 자연풍경을 감상하도록 강변의 절벽 위에 세워졌다. 또한 병산과 낙동강의 멋진 자연풍경을 감상하도록 만들어진 안동 하회마을 병산서원 만대루와 같은 누각은 서원이나 향교, 나아가 사찰에서도 자주 발견된다. 이런 누각에서는 산·절벽·강·모래사장·배·뱃사공이 어우러진 멋진 자연풍경을 즐길 수 있다. 자연정원이 자연풍경으로 완성되는 셈이다. 이처럼 다양한 장소에서 공통적인 특징을 지닌 자연정원이 발견된다는 사실은 경회루의 풍경이 특별하거나 우연히 발생한 것이 아니라 선조들이 공유했던 설계 원리였음을 뒷받침한다.

높은 건축물을 짓지 않은 조선에서 유독 높은 누각을 세운 이유가 여기에 있다. 조선은 중국과 일본에서 정원을 만들 듯이 도시의 설계에서 시

조선 3대 누각이었던 촉석루

밀양읍성의 영남루와 평양성의 부벽루와 함께 3대 누각으로 불렸던 촉석루는 남강 옆에 세워졌다. 경회루와 마찬가지로 인공적으로 만들어진 풍경이 아니라 살아 있는 자연의 풍광을 감상할 수 있게 큰 누각을 지었다. 도시입지에 풍수의 영향을 강하게 받은 한국은 중국·일본과 달리 도시 가까이에 큰 산이 들어서 있었다. 그 결과 공간을 분리해서 인공적으로 꾸미기보다 이미 도시 안에 들어와 있는 자연공간을 이용하는 경관 감상이 더 유행하였다.

야를 통제하였고, 상대적으로 낮은 건축물을 지었다. 정원을 설계할 때는 반대였다. 중국과 일본의 정원은 인공정원과 외부공간을 분리시키기 위해 높은 담과 낮은 누각을 만들었다. 시야를 정원 안으로만 한정시키고자 한 것이다. 하지만 조선에서는 반대의 일이 일어났다. 풍수에 따라 도시 속에 산이 있는 서울에서는 시야를 통제하는 것이 아니라 실제 자연을 감상하기 위해 시야를 열어놓는 것이 정원을 짓는 핵심이 되었다. 여기에 더해 높은 누각에서 탁 트인 경치를 보면서 자연의 화려한 풍광과 대비되게끔 사각형의 단순한 인공연못과 섬을 배치한 것이다.

조선의 미니멀리즘, 향원정

경복궁에는 경회루 정원 외에도 향원정 정원이 있다. 경회루 정원은 1412년에 만들어졌는데, 그 이전에도 다른 정원이 있었다.

> 새 궁궐의 후원(後園)에 연못을 팠다.
>
> —『태조실록』 4년 9월 29일

> 상왕(태조)이 사람을 시켜 후원에서 기르던 들짐승을 빈 넓은 땅에 놓아 주도록 하였다.
>
> —『태조실록』 7년 12월 3일

후원은 '궁궐의 뒤쪽에 있는 정원'을 의미하는데, 임금이 나랏일을 보는 근정전과 사정전의 뒤쪽인 북쪽 구역을 가리킨다.

향원정

지금의 향원정은 고종 때 지어진 것으로 경회루와 동일한 조성원리가 적용되었다. 높게 솟은 북악산과 인왕산을 가리지 않고 연못과 인공섬을 단순하게 원형으로 만들어서 화려한 자연과 조화를 추구했다.

『신증동국여지승람』 기록에는 경복궁 후원에는 서현정, 취로정, 관저전, 충순당이 있었다'고 나온다. 그러나 아쉽게도 모두 임진왜란 때 경복궁이 불탄 후 복구되지 못했다. 그러다가 경복궁이 중건되는 1867년에서 1873년 사이에 향원지(香遠池)란 모서리가 둥근 정사각형 모양의 연못, 원형의 섬 위에 만들어진 육각형의 향원정(香遠亭)으로 되살아났다.

비록 조선 전기의 경복궁 후원을 그대로를 볼 수 없지만 향원정 정원에 담겨 있는 특징만으로도 조선의 정원 조영 양식을 엿볼 수 있다. 일단 연못의 모양이 모서리가 둥근 사각형이고, 그 한가운데에 원형의 작은 섬이 있다는 점에 주목할 필요가 있다. 이와 같은 모양의 연못과 섬은 창덕궁을 비롯하여 우리나라 곳곳에서 볼 수 있는데, 지금까지는 '하늘은 둥글고 땅은 네모지다'는 천원지방(天圓地方)의 세계관에서 비롯된 것으로 해석했다.

천원지방의 세계관은 황하문명권에서 정립되어 우리나라와 일본 등으로 퍼져나간 것이기 때문에 우리나라에만 있는 것이 아니라 동아시아 전체가 공유하는 세계관이었다. 그런데 같은 세계관을 지닌 중국이나 일본에서는 정원의 연못과 섬을 만든 사례가 거의 없다. 반면에 유독 우리나라에서는 궁궐을 비롯하여 곳곳에서 많이 발견될 정도로 흔하다. 따라서 천원지방의 세계관의 영향을 받았다는 기존 주장은 설득력이 부족하다. 오히려 향원정 역시 경회루와 같은 원리가 동일하게 적용되었다고 보는 것이 타당하다. 실제로 관람을 하면 뒤쪽에 우뚝 솟은 북악산과 서쪽으로 길게 누운 인왕산이 향원지 · 향원정과 어우러진 멋진 풍경을 자아낸다. 경회루와 마찬가지로 향원정 지역에서도 북악산과 인왕산의 풍경을 시각적으로 가리기가 어렵다. 그래서 이곳을 계획한 사람들도 외부 풍경을 가리기보다는 정원 안의 인공풍경과 조화시켜 볼 수 있는 방식으로 조영한 것이다.

이렇게 보면 정원의 인공적인 부분인 연못과 섬을 모서리가 둥근 사각형과 원형이라는 단순한 형태로 만든 이유가 분명해진다. 경회루와 마찬가지로, 북악산과 인왕산의 다양하고 멋진 자연풍경을 단순한 형태의 인공적인 연못, 섬과 대비시킴으로써 자연과 인공, 화려함과 단순함이라는 상대적 대비 효과가 극대화되도록 계획한 것이다.

경회루와 비교하면 육각형의 향원정은 아주 작다. 이는 경회루가 근정전 구역 옆에 있어서 별도의 넓은 정원 공간을 갖고 있지 않은 대규모 연회를 위한 건축물임에 반해 향원정은 임금과 왕비 등이 주로 산책을 하거나 담소를 나누는 넓은 후원 공간 속의 건축물이기 때문이다. 기능적인 차이는 있지만 외부의 자연을 정원 풍경으로 이용했다는 점에 설계원리는 동일했다고 볼 수 있다.

골짜기에 숨겨진 절경, 창덕궁 후원

서울의 정원을 이해하기 위해서는 경복궁의 경회루와 향원정의 정원에 먼저 가볼 것을 권하고 싶다. 인공적인 '정원'에 대한 선입견만 지운다면 경복궁의 경회루와 연못 및 섬, 향원정과 연못 섬의 모습이야말로 서울뿐만 아니라 지방에서도 잘 나타나는 우리식 정원의 대표적인 원리를 찾아낼 수 있기 때문이다.

하지만 경복궁의 경회루와 향원정의 정원이 우리식 정원의 모든 것을 설명해주지는 않는다. 경회루와 향원정에 없는 다른 원리를 찾아낼 수 있는 곳이 바로 창덕궁의 후원이다.

우리나라 사람들이 '서울의 정원'이라고 하면 가장 먼저 떠올리는 곳 역시 경복궁의 경회루나 향원정의 정원이 아니라 비원(秘苑)이라고도 부르는 창덕궁의 후원이다. 정원을 연구한 책에서도 경회루나 향원정의 정원은 거의 다루지 않아도 창덕궁의 후원에 대해서는 상당한 분량을 할애한다. 아마 우리가 떠올리는 정원의 전형적인 모습을 잘 갖추었기 때문일 것이다.

현재는 창덕궁 전체가 세계문화유산으로 선정되어서 문화재 보호를 위해 들어가는 시간에 제한을 두고 있는데, 그 대신 해설사의 자세한 안내를 받을 수 있다. 비원에 가려면 창덕궁의 정전인 인정전, 임금이 평상시에 거처하던 희정당, 왕비가 거처하는 대조전 등 궁궐의 중요 지역을 오른쪽으로 돌아 작은 언덕을 넘어야 한다. 여기서 '작은 언덕'은 인위적으로 만든 것이 아니라 원래부터 있던 자연지형으로, 이 언덕을 넘기 전까지 창덕궁의 후원은 전혀 보이지 않는다. 이 점은 인공적으로 만들었느냐 아니냐의 차이가 있을 뿐, 시야를 통제한다는 점에서 앞에 언급한 외국의 인공정원과 동일하다.

이곳에 정원이 만들어지게 된 계기는 1405년(태종 5) 2월에 창덕궁이 만들어지고 당시의 임금이었던 태종이 경복궁으로 가지 않고 창덕궁을 정궁으로 삼아 나랏일을 보기 시작하면서부터이다. 『태종실록』에는 1406년(태종 6) 4월 9일 창덕궁 동북 모퉁이에 정자를 짓고 해온정이라 이름 지었다고 나오는데, 이후 이곳에서 연회, 활쏘기, 격구, 강론 등의 다양한 행사가 개최되었다. 1413년에 해온정 앞 작은 연못의 물고기를 경복궁 경회루 아래의 큰 연못으로 옮겨 풀어놓도록 하였다는 기록도 있어 당시에도 해온정과 연못이 이미 조성되어 있었음을 알 수 있다.

1462년(세조 8)에는 창덕궁의 후원이 좁아 동쪽으로의 확장을 결정하고 계획 구역 안에 있던 민가 73채를 2월까지 모두 철거하고 빈 땅을 제공해 주도록 하였다. 이듬해에는 북쪽 고개 밑의 민가 53채를 더 철거하여 넓히게 하였다. 하지만 1592년에 임진왜란이 일어나 창덕궁이 불타면서 20년간 방치되었다. 1610년에 비로소 창덕궁을 중건하여 정궁으로 삼으면서 후원 역시 복원되었다. 이때 부용지 동북쪽에 영화당을 만들었다. 이후 소요정, 태극정, 청의정, 관덕정, 존덕정, 희우정, 능허정, 애련정이 만들어졌다. 1776년(정조 즉위년)에는 신진학자의 연구를 위한 규장각을 설치하면서 주합루와 서향각이 생겼고, 1792년 택수재를 헐고 다시 지으면서 이름을 부용정으로 바꾸었다. 1827년(순조 27)에 의두합, 1828년에는 연경당을 건립하면서 창덕궁 후원의 현재 모습이 갖추어졌다.

창덕궁은 주산인 매봉재에서 종묘까지 남쪽으로 뻗은 산줄기의 허리 부분에 쏙 들어가 있는 형태로 자리 잡았다. 경복궁이 산줄기가 끝나는 지점에서 남쪽으로 펼쳐진 평지에 있는 것과 대조적이다. 경복궁의 경우 경회루 정원이나 향원정 정원 모두 골짜기라고 보기 어려울 정도로 개방된 지형을 하고 있어 밖의 풍경을 그대로 감상할 수 있도록 정원을 만들었다. 하지만 창덕궁은 산줄기의 허리 부분에 자리를 잡아서 후원이 들어선 뒤쪽에는 밖과 단절된 골짜기가 잘 발달되어 있다. 이 때문에 경복궁과는 다른 형식의 정원을 만들 수밖에 없는 상황이었다.

골짜기는 산기슭의 구부러진 언덕배기의 연속된 곡선, 그 위에 피어난 꽃과 늘어진 나무, 그리고 계곡을 따라 흘러내리는 산골의 물과 바위 등이 어우러진 다양한 풍경을 간직하고 있다. 많은 공력을 들여 인공적으로 구현해야 하는 다양한 풍경이 창덕궁 뒤쪽의 골짜기에 존재하고 있었던 것이다. 게다가 골짜기이기 때문에 굳이 담을 치지 않아도 바깥 풍경과 단절된 아늑한 분위기가 만들어진다. 이런 조건 속에서 창덕궁 후원의 설계자들은 작은 골짜기의 다양함을 최대한 이용하여 정원을 만들고자 했다.

후원에 들어서서 처음 만나는 곳은 바로 사각형의 연못과 둥근 섬으로 이루어진 부용지이다. 특이한 '十'자 모양의 정자인 부용정, 그리고 그 맞

은편에 있는 영화당과 규장각의 주합루와 서향각·희우정이 둘러싼 아늑한 정원이다.

창덕궁의 후원은 전체가 하나의 정원이라 말할 수 있지만 부용지 구역처럼 독립적인 정원이라 볼 수 있는 곳이 많은데, 인공적인 것은 부용지처럼 단순하게 처리하였다. 부용지 구역의 작은 언덕을 돌아 불로문(不老門)을 통과하면 동쪽으로 애련지와 애련정이 나오는데, 애련지도 사각형의 형태를 취하고 있다. 또 서쪽 연경당 앞에도 작은 연못이 있는데, 역시 사각형이다. 불로문을 나와 다시 북쪽으로 가면 관람지와 관덕정이 나타난다. 우리가 보는 지금의 연못에는 직선과 부드러운 곡선의 모습이 함께 있지만 이는 대한제국 이후에 만들어진 것이다. 1820년대에 제작된 『동궐도』를 보면 사각형과 둥근 연못들이 연이어 있는 것으로 나와 있다.

관람지 서북쪽에는 존덕지와 존덕정이 있다. 현재 존덕지의 연못은 사각형과 반원이 합쳐진 모습으로 있는데, 「동궐도」에는 사각형과 반원의 연못이 분리되어 있다. 존덕지에서 계속 북쪽으로 올라가다 막바지에 이르면 창덕궁의 후원에서 유일하게 초가지붕을 한 청의정이 있다. 농사의 소중함을 일깨우기 위해 정자 앞에 논을 만들어 임금이 직접 벼를 심고 수확한 후 그 볏짚으로 이엉을 엮어 얹었기 때문이라고 한다. 청의정 앞의 논 역시 사각형이다.

다시 부용지로 내려오면 그 동북쪽에 영화당이란 제법 큰 누각이 있다. 부용지를 등지고 세워진 영화당은 임금이 신하들에게 연회를 베풀던 곳이다. 영화당 앞쪽에는 널찍한 공터인 춘당대를 만들어 활쏘기를 하거나 과거의 마지막 시험인 전시를 관람했다고 한다. 현재는 영화당 앞쪽에 창경궁 영역으로 되어 있어 담으로 막혀 있지만 옛날에는 계속 연결되어 있었다. 그리고 담장 너머에는 춘당지(春塘池)란 연못이 부드러운 곡선으로 이루어진 비정형 모습을 하고 있는데, 원래 사각형 연못을 1909년에 일본식으로 개조한 것이라고 한다.

「동궐도」에는 다른 연못들도 몇 개가 더 그려져 있다. 이들 연못 역시 모두 사각형이나 원, 반원의 단순한 형태를 취하고 있다. 결국 창덕궁 후원의 모든 연못은 다양함이 아니라 단순함을 표현하고 있는데, 인공의 단순함을 통해 자연의 다양함을 돋보이게 하기 위한 결과물이다.

연못과 함께 있는 부용정, 애련정, 관람정, 존덕정 등은 경복궁의 경회루에 비하면 매우 작아 의아해할 수도 있다. 하지만 풍경을 감상하며 휴식을 취하는 정자의 기능 자체에 충실하다는 점에서 동일한 원리로 지어졌다. 경회루는 멀리 있는 인왕산과 북악산의 풍경을 감상할 수 있도록 만들었기 때문에 커다랗게 만들어진 것이다. 반면에 창덕궁 후원의 정자들은 골짜기의 능선으로 둘러싸인 안쪽의 자연과 인공이 어우러진 풍경을 감상할 수 있도록 작게 만든 것이다.

이것은 중국과 일본에서 보았던 정원의 정자가 인공적으로 만든 안쪽의 풍경에 집중할 수 있도록 작고 아담하게 만들어진 원리와 동일하다. 차이점이 있다면 창덕궁 후원의 정자들에서는 자연 골짜기의 다양함과 인공의 단순함이 어우러진 풍경을 바라보는 데 반해 중국과 일본의 정자에서는 전체가 인공적으로 만들어진 공간의 다양함을 구경한다는 점이다.

창덕궁 후원의 정자 중 연못을 끼고 있지 않은 것으로 청심정 · 취한정 · 취규정 · 소요정 · 농산정 · 태극정 · 능허정 등이 있다. 연못이 없는 정자는 중국과 일본에서는 잘 나타나지 않는 것으로, 이 역시 우리나라 정원의 특징을 대표적으로 보여주고 있다. '정원'이라고 하면 보통 정자나 누각만 있는 것이 아니라 감상할 대상이 함께 결합되어야 한다. 따라서 정자만으로는 그것을 정원이라 부르기가 어색하다고 느끼는 것은 '감상할 대상이 인공적으로 만들어져야 한다'는 선입견 때문이다.

창덕궁 후원은 주산인 매봉재로부터 뻗은 산줄기의 골짜기에 조성되

어 있다. 곳곳에 물과 나무와 바위가 어우러진 자연 계곡이 산재하며, 때로는 계곡이 없어도 바위와 우거진 나무만으로도 멋진 풍경을 보여준다. 창덕궁의 후원을 조성한 사람들은 이런 풍경을 가장 잘 감상할 수 있는 장소마다 정자 하나를 세우는 방식을 선택한 것이다. 인공정원과는 다른 진정한 자연정원이라 부를 수 있는 것이다. 창덕궁의 후원만큼 자연정원의 유산을 많이 갖고 있는 사례를 찾기는 힘들 것이다.

경복궁의 경회루 정원도 연못과 섬까지로 영역을 한정하면 인공정원이라 말할 수 있다. 하지만 경회루에서의 감상 대상은 인공조형물의 범위를 넘어서는 자연의 인왕산과 북악산 등이기 때문에 결국엔 인공을 최소화한 자연정원이다. 부용지, 애련지, 관람지, 존덕지의 정원도 인공적인 요소는 사각형의 연못과 섬에 불과할 정도로 최소화시켜 주변의 자연을 함께 볼 수 있도록 했다. 비록 영화당을 연회와 활쏘기, 전시의 관람 장소로 사용하기 위해, 주합루를 신진학자들의 학습 공간으로 활용하기 위해 정자보다 훨씬 크게 만들기는 했지만 그곳에서 바라보는 풍경 역시 인공을 최소화하여 주변의 자연풍경을 본다는 점에서 자연정원이라 할 수 있다.

비원의 여러 모습

위에서부터 차례로 ① 부용정, ② 청의정, ③ 애련정이다. 창덕궁은 평지에 자리 잡은 경복궁과 달리 산줄기 허리에 자리를 잡았는데, 이를 이용하여 골짜기 자체를 밖과 단절된 공간으로 사용했다. 비원을 둘러싼 산과 능선이 담장 역할을 하면서 골짜기 안의 화려한 자연 자체가 정원의 풍경이 된 것이다.

손가락이 아닌 달을 봐야 정원이 보인다

그렇다면 궁궐 밖에 살았던 왕족과 양반들은 어떤 정원을 갖고 있었을지 궁금해진다. 하지만 현재 남아 있는 정원은 성락원과 석파정 단 2개뿐이다. 왜 그럴까?

우리나라의 경제 발전이 압축적으로 이루어지다 보니 원래 많았던 정원이 대부분 파괴되었다고 추정해볼 수 있다. 하지만 결론부터 말하면 사실이 아니다. 원래부터 왕족과 양반들의 정원은 거의 없었다. 그러면 그들에게는 정원과 같이 쉬거나 모임을 가질 수 있는 장소가 없었다는 말일까? 그렇지 않다. 조선의 왕족과 양반도 세계 다른 나라의 지배층처럼 '풍경을 감상하면서 쉬거나 모임을 가지며 즐기기 위한 욕구'를 당연히 갖고 있었고, 따라서 이를 해소하기 위한 장소가 있었다. 하지만 그 방식이 달랐다.

조선 전기와 후기의 상황을 총 정리한 『동국여지비고』에는 정원 기능을 한 장소를 기록한 원유(苑囿) 항목이 있는데, 여기에는 경복궁의 후원, 창덕궁·창경궁의 후원, 경희궁의 후원, 3곳의 함춘원 등 총 6곳만 기록되어 있다. 이 중 함춘원은 궁궐 밖에 있었지만 큰 정원의 역할을 할 수 있도록 나라에서 숲을 직접 관리했던 곳이다. 함춘원은 지금의 창경궁 동쪽의 서울대학교 병원 자리, 경희궁 남쪽의 새문안길 너머 덕수궁 서북쪽, 창덕궁의 서문인 요금문 밖의 원서동에 있었다.

서울대학교 병원 자리와 원서동의 함춘원은 북쪽 봉우리에서 남쪽으로 뻗어 내린 산줄기 위에, 덕수궁 서북쪽의 함춘원은 서쪽에서 동쪽으로 뻗은 산줄기 위에 있었다. 풍수적 맥락에서 볼 때 성곽 안으로 뻗은 산줄기의 지맥을 보호하는 의미에서 설정된 숲으로 생각할 수도 있는데, 어찌

됐든 국가가 조성하고 보호한 정원의 역할을 하였다. 그러면 앞의 6개 이외에 다른 정원은 없었던 것일까. 정원은 많이 있었지만, 인공적으로 조성한 것이 아니라 자연을 활용한 곳이 대부분이었다. 풍광이 좋은 곳에 정자를 지어 자연정원으로 삼았던 것이다. 『동국여지비고』에는 원유 항목 이외에 누정(樓亭) 항목이 따로 설정되어 있는데, 그곳에는 서울에서 가장 유명했던 21곳의 정자가 기록되어 있다. 정자들은 크게 세 지역에 분포되어 있었다.

한강 가에 자리 잡은 10개의 정자 중 현재 남아 있는 것은 망원정뿐인데, 한강의 풍경을 감상하던 곳이다. 요즘은 산이나 언덕의 정상에 정자 형태의 전망대를 만들기도 하지만, 조선시대에는 산이나 언덕의 정상에 정자를 세우지 않았다. 정자 대부분은 뒤쪽이 막히고 앞쪽으로 시야가 트인 언덕이나 벼랑 중간에 세워졌는데, 한강 가의 정자들도 동일했다. 언덕의 정상에 만들었다고 하더라도 뒤쪽에 숲을 조성하여 가리고, 앞쪽만 보도록 하였다.

오늘날 한강은 직강 공사와 수중보의 설치, 88도로, 강변북로 등으로 인해 한강 가의 옛풍경이 모두 사라져 버렸다. 또한 한강 위를 떠다니던 나룻배와 나루터도 모두 없어졌다. 하지만 옛날 한강은 정자 기둥 사이로 잔잔한 강물, 모래, 절벽, 그 위를 떠다니는 나룻배와 나루터의 풍경을 볼 수 있던 곳이었다. 다른 나라의 정원이 인공적으로 만들던 다양성이 자연 그대로 있는 곳이었다. 『동국여지비고』에는 한강나루 북쪽에 있었던 제천정을 '풍경이 기가 막혀서 중국의 사신들이 놀면서 감상하던 곳'이라고 설명하고 있다. 한강 가의 정자들은 이렇게 자연적으로 형성된 풍경을 감상하기 위해 만들어졌다.

서울 성곽 밖에 있던 정자 중 현재 복원된 것은 세검정 하나뿐이다. 경복궁 서쪽의 자하문길을 달려 상명대학교 앞 세검정사거리에서 우회전

세검정도

조선시대 정원을 이해하기 위해서는 정자 자체보다 정자가 위치한 공간과 풍경을 살펴봐야 한다. 그래서 밖에서 정자를 바라보는 것이 아니라 정자 안에서 펼쳐지는 풍경이 중요하다. 한국 정원이 중국, 일본과 근본적으로 차이가 나는 이유는 도시 가까이에 산이 위치해 있었기 때문이다. 그에 따라 별다른 인공적인 요소 없이도 뛰어난 풍광이 있는 곳에 정자를 세움으로써 풍류를 즐길 수 있었다.

하면 길가에 아담한 육각형의 정자가 보인다. 1747년(영조 23)에 처음 지은 것으로서 1941년에 화재로 불탔다가 1977년에 복원했다. 인조반정(1621) 때 광해군의 폐위를 논의하면서 칼을 씻었던 자리에 만들었다고 하여 세검정(洗劍亭)이란 이름을 붙였다고 한다. 지금은 냇가까지 집들이 빼곡히 들어차 있지만, 북한산 보현봉과 문수봉에서 발원한 모래내 상류의 물줄기가 하얀 화강암의 너럭바위 위로 세차게 흐르는 모습은 아직도 감상할 수 있다. 또한 남쪽을 보면 북악산에서 북쪽으로 뻗은 산줄기의 기암괴석과 소나무가 어우러져 한 폭의 산수화 같은 풍경이 펼쳐진다. 세검정에 앉아 이야기를 나누다 보면 그 앞의 너럭바위 위로 흐르는 세찬 시냇물과 기암괴석, 나무가 어우러진 자연 그대로의 풍경을 오롯이 즐길 수 있다.

인위적으로 만든 도시에서도 자연의 풍경을 감상하고 싶은 것은 보편적 욕구였다. 그런데 다른 도시들과 달리 서울은 평지나 언덕 위가 아니라 산 아래에 위치해 있다. 산 자체가 도시에 들어온 덕분에 구태여 자연을 흉내낸 인공적인 공간의 정원을 만들 필요가 없었다. 다른 나라의 정원에서 인공적으로 만들었던 자연의 다양한 풍경이 도시 속에 존재했기 때문에 세검정처럼 자연을 그대로 즐길 수 있었던 것이다.

외부로 펼쳐진 정원

풍수와 관련이 없는 경주에 있는 포석정이나 안압지를 보면 중국과 일본처럼 인공정원을 조성했음을 알 수 있다. 정원에 필요한 요소는 많지만 그중에서도 가장 중요한 하나를 뽑는다면 그것은 외부와의 차단이다. 지

인공정원의 모습을 잘 보여주는 안압지

문무왕 때 조성된 안압지는 신라가 망하면서 폐허가 되었다가 1975년 발굴되면서 복원되었다. 굽이치듯이 설계된 연못의 외양은 동양의 인공정원 방식을 잘 보여준다. 하지만 현재 복원된 안압지는 인공정원에서 가장 중요한 외부와의 차단이 안 되어 있어서 과거의 정취를 온전히 보여주지 못하고 있다.

금까지 이 책을 읽은 독자들은 시야를 제한하는 것이 얼마나 중요한 역할을 하는지 이해할 것이다. 만약 인공정원 너머로 바깥 풍경이 보인다고 생각해보자. 설계자가 의도한 정경에 집중을 방해할 뿐만 아니라 여전히 도시 한가운데 있다는 사실을 상기시켜 준다. 따라서 정원을 만들 때는 가장 우선적으로 외부 풍경을 차단시켜야 한다. 외부와 정원을 분리시켜 정원 자체를 새로운 공간으로 독립시키는 것이다.

그런데 서울은 이런 전제가 모호해진다. 애초에 정원을 짓는 목적이 새로운 공간을 창조하는 것이 아니라 도시에서 볼 수 없는 공간을 보여주기 위해서이다. 그런데 서울에서는 도시 속에서 자연을 보는 것이 가능하다. 이런 특수성으로 인해 서울의 정원은 기존 공간을 활용해서 외부의 자연풍경을 감상하기 위해 지어졌다. 서울이라는 공간은 중국, 일본의 도시와는 다른 조건을 가지고 있었고, 우리 선조들은 이를 십분 활용해 정원에 대한 새로운 개념을 정립했다. 물론 조상들이 정원과 공간에 대한 이론을 숙지함으로써 이런 결과물을 도출해내지는 않았을 것이다. 그러나 분명한 사실은 서울의 정원과 정자들이 보여주는 풍경은 정원의 목적과 파생되는 시각적 효과를 명확하게 인지하고 있었기에 가능한 결과물이라는 것이다.

가공하지 않은 자연 속 정원

서울 성곽 안쪽에 있었던 정자 중 현재 남아 있는 것은 없다. 그래서 구체적으로 어떤 풍경을 볼 수 있도록 만들었는지 안타깝지만 확인할 길이 없다. 다만 서울의 안산인 남산 기슭과 좌청룡인 타락산(낙산) 아래에 있던 정자들은 계곡의 자연풍경을 감상하도록 만들었을 것으로 짐작된다. 이 정자들은 대부분 왕족인 대군(大君)의 별장이나 집에 있었던 것이어서 가끔은 임금이 행차하여 풍경을 감상하고 이름을 지어주기도 있다. 대군들은 임금보다 더 자유롭게 생활할 수 있어서 경치 좋은 곳에 정자를 만들고 자연정원의 묘미를 즐길 수 있었다. 따라서 우리 선조들은 인위적인 정원을 만드는 것보다 도시 곳곳에 존재하는 자연을 즐길 수 있는 곳에 정자를 세우는 것을 더 중시했다.

『동국여지비고』에는 우리만의 독특한 자연정원을 살펴볼 수 있는 항목이 하나 더 있는데, 바로 명승(名勝)이다. 명승은 정자와 같은 인공 구조물이 없지만 멋진 구경거리로 여겼던 장소로, 총 21곳이 기록되어 있다.

명승으로 기록된 동(洞)은 마을이 아니라 골짜기를 의미하며, 대(臺)는 절벽바위가 있는 지형을 가리킨다. 단(壇)은 제단처럼 평평한 바위 지형을, 계(溪)는 일반적인 시내가 아닌 골짜기 사이를 흐르는 시내를 의미한다. 쌍회정과 칠송정은 누정 항목에도 있었는데, 남산의 골짜기에 세워졌기 때문에 명승 항목에도 나오게 된 것이다. 명승은 산, 시내, 바위와 나무 등이 어우러져 자연 경치가 뛰어난 지역을 가리키는 것으로 누구나 감상하고 즐길 수 있는 곳이었다. 물론 그렇다 하더라도 명승을 찾는 사람들의 대부분은 왕족과 양반이었고, 혼자 감상하기보다는 시모임(詩社)을 가지며 함께 즐기는 경우가 많았다.

종로구 삼청동의 삼청 계곡, 인왕산 아래 청풍계와 필운대를 가리키는 인왕 계곡, 좌청룡인 낙산 밑 종로구 동숭동의 쌍계 계곡, 창의문에서 발원하는 시내가 지나가는 종로구 청운동의 백운 계곡, 중구 예장동 부근의 남산 기슭인 청학 계곡 등이 명승 중에서도 경치 좋은 곳으로 유명했다. 아쉽게도 지금은 도시가 발달하고 주택이나 학교, 기타 많은 건물이 들어서서 과거 명승의 풍경 대부분이 파괴되었다. 그나마 묘미를 어느 정도 느낄 수 있는 풍경이 남아 있는 곳은 종로구 삼청동의 삼청동(三淸洞)뿐이다.

비록 정자도 세우지 않고 인공적 요소를 더 하지 않았어도 명승은 다른 나라의 인공정원과 동일한 기능을 했다. 따라서 진정한 의미의 자연정원은 바로 명승이었다. 명승으로 기록된 총 21곳 중에서 성 밖에 9곳이 있었고, 성안에 12곳이 있었다. 그리고 누정 항목의 정자 21개 중 성곽 밖에 있는 것이 14개, 성곽 안에 있는 것이 7개였다. 쌍회정과 칠송정 등 겹치는 2개를 제외하면 성안이 19개, 성 밖에 21개 등 총 40개의 자연정원이 있었다. 여기에 앞에서 소개했던 6개의 정원과 백사 이항복이 만든 정자가 있었다는 북악산 뒤쪽의 백사실 계곡 등 『동국여지비고』에 기록되지 않은 곳들을 포함하면 서울의 정원도 결코 적다고 할 수 없다.

이렇게 많았던 서울의 자연정원 대부분이 사라진 이유를 단지 도시발전과 확장의 결과로만 설명해서는 안 된다. 더 근본적인 이유는 '인공정원'만을 '정원'으로 이해했던 우리의 잘못된 인식에 있다. 그 결과 우리 스스로 감상의 대상이었던 자연풍경 자체를 파괴하고, 높은 건물을 무계획적으로 지으면서 시각적으로 자연풍경을 볼 수 없게 만드는 행위를 저지른 것이다. 사라진 정자나 누각을 복원하더라도 감상 대상인 자연풍경이 없다면 그곳을 정원이라 부를 사람이 몇이나 될까?

근대 이후 문화재나 사적 지정의 기준이 항상 인공적인 것이었던 부분도 자연정원의 파괴에 큰 역할을 하였다. 우리의 자연정원에서 인공이 가해진 것은 거의 대부분 정자나 누각에 불과하다. 그런데 건축물만 문화재나 사적으로 지정하면 감상의 대상인 자연풍경은 모두 파괴되거나 가려지게 된다. 1977년에 복원되어 서울기념물 제4호로 지정된 종로구 신영동의 세검정과 1989년에 복원되어 서울기념물 제9호로 지정된 마포구 합정동의 망원정은 그 대표적 사례이다. 직접 세검정과 망원정을 방문하게 되면, 자연정원에 대한 이해 부족으로 정자만 문화재로 지정되고 자연

풍경을 잃어버린 우리 문화유산의 현실을 실감할 수 있다.

개발이 덜한 지방에 자연풍경을 그대로 간직한 자연정원이 아직 많이 남아 있다는 것이 그나마 다행이다. 세계에서도 찾기 어려운 특수한 방식의 우리 자연정원을 보전하고 되살리기 위해서는 인공정원만 '정원'으로 생각하는 편협한 정의부터 수정해야 할 것이다.

지금까지 우리나라 도시의 풍경·구조·건축물·성곽·정원 등 다양한 측면에서 당연한 것이라 여겨졌던 기존 상식과 사고에 문제점을 설명하였다. 근대 이후 굳어진 우리의 잘못된 관점 두 가지를 극복하면 서울의 풍경을 새롭게 이해할 수 있다고 생각한다. 이는 우리 역사의 다른 부분에도 확대 적용할 수 있다는 점을 말하면서 이 책을 마치고자 한다.

첫째, 우리와 서구를 대립적으로 구분하는 사고에서 벗어나야 한다. 우리는 산업혁명을 먼저 성취한 서구의 근대적 성과물을 적극적으로 받아들여 현재의 발전을 이루었다. 그러면서도 마음속 한 구석에는 우리의 역사와 문화적 우위를 보여주는 사례를 하나라도 찾아내어 자존감을 세우려 했다. 그 과정에서 풍수는 인간과 자연의 조화를 추구하며, 사람이 살기에 좋은 또는 편안한 땅을 찾는 특수한 전통사상으로 격상되었다. 풍수의 가치를 재발견하는 것은 마땅히 추구해야 할 일이다. 하지만 그 방향이 잘못되었다. 풍수를 역사적 실체로 객관적으로 분석하기보다 서구의 대립항으로서 역할이 필요했고, 대항마로 풍수를 선택한 것이다. 결국 현재를 살고 있는 우리의 입맛에 맞춰 해석한 것이다. 인류의 모든 문명은 '권위 있는 공간을 찾기 위한 이론'을 다양한 방식으로 만들었다. 그리고 풍수 역시 그러한 보편적 문제의식에서 나온 결과물이다. '권위 있는 공간'에 대한 보편성을 간과한 채 풍수를 우리만의 전통사상으로 규정하는 것이 한국의 풍경을 제대로 이해하지 못하게 하는 근본 원인이 되었다.

서양 사람이든 우리나라 사람이든 인간으로서의 보편성과 개인의 특수성을 모두 갖고 있다. 마찬가지로 동서양의 모든 문명은 문명으로서의 보편성과 서로 구별되는 특수성을 모두 갖고 있다. 특수성이 문명의 보편성을 표현하는 차이에서 온 것임에도 불구하고 두 문명 사이에 본질적으로 다른 무엇이 있었던 것처럼 그동안 오해해왔다. 서울과 런던, 서울과

로마를 비교할 때 차이점만을 강조해서는 안 된다. 동일한 보편성이 어떻게 각각의 개성적인 특수성으로 발전했는지를 함께 고민해야 비로소 한국의 풍경을 제대로 이해할 수 있는 것이다.

둘째, 우리는 '작은 나라' 콤플렉스와 한·중·일에 국한된 비교 시각을 벗어나야 한다. 500여 년간 지속된 명나라·청나라에 대한 외교적·사상적 사대주의, 일제 강점기, 좌우 냉전 강대국의 충돌 현장이었던 참담했던 한국전쟁, 이어진 세계 최빈국의 경험은 우리나라 사람들에게 '작은 나라' 콤플렉스를 강하게 심어놓았다. 이는 우리나라의 역사를 이해하고 설명하는 데 큰 영향을 끼쳤는데, 궁궐과 탑을 비롯하여 현존하는 우리나라 전통건축물의 높이가 중국과 일본에 비해 낮은 이유를 잘못 이해하게 만든 중요한 근거가 되었다.

전 세계의 모든 나라를 인구의 많고 적음에 따라 상(上)·중(中)·하(下)로 나눈다면 남북한을 합한 약 7,500만 명의 인구는 상위 그룹에 들어간다. 그리고 상위 그룹을 또 상상(上上)·상중(上中)·상하(上下)로 나누면 남북한은 상중에 해당되는데, 이는 근대 이전에도 마찬가지였다. 우리나라의 역사를 한·중·일 중심의 국력으로 설명해야 하는 부분도 있지만 그렇지 않은 부분이 훨씬 더 많다는 사실을 자각해야 한다. 한·중·일 삼국의 범위를 넘어 유럽·동남아시아·남부아시아·서남아시아·중앙아시아·아프리카·남북아메리카 등으로 비교 범위를 넓히면 전혀 다르게 평가할 수 있는 역사가 많다.

하늘-북한산·북악산-경복궁. 세종로사거리의 풍경에서 시작한 여행을 끝마치려고 하니 만감이 교차한다. 길다면 길고 짧다면 짧은 20여 년 가까운 시간 동안 비판-조사-고민의 과정을 수없이 반복한 사고의 결과가 온몸에서 쑥 빠져나가는 느낌이다.

스물여덟 살에 연구의 길을 선택한 뒤 앞만 보고 걸어온 것 같다. 때로는 학문적 고독함을 달고 사는 것이 힘들기도 했지만 새로운 상식을 만들어나갈 수 있다는 연구자로서의 희망이 더 소중했기에 계속 이 길을 걸을 수 있었다. 이 책을 계기로 우리 풍경에 대한 더 많은 논의와 이해가 이뤄지길 바란다. 개인적으로는 앞으로 완성하고자 하는 풍경과 장소로 보는 세계문명사를 목표로, 이 책을 끝내는 아쉬움이 새로운 책을 쓰기 위한 재충전의 과정이라 믿고 힘을 내고자 한다.

임금의 도시 : 서울의 풍경과 권위의 연출

2017년 11월 23일 초판 1쇄 찍음
2017년 12월 1일 초판 1쇄 펴냄

지은이 이기봉
편집 박보람 김두완
디자인 이수경
그림 조고은
사진 김규식
마케팅 이승필 강상희 남궁경민 김세정
펴낸이 윤철호
펴낸곳 (주)사회평론

등록번호 10-876호(1993년 10월 6일)
전화 02-326-1182(영업), 02-326-5845(편집)
팩스 02-326-1626
주소 서울시 마포구 성산동 114-10
이메일 editor@sapyoung.com
ISBN 978-89-6435-828-3 03980

책값은 뒤표지에 있습니다.